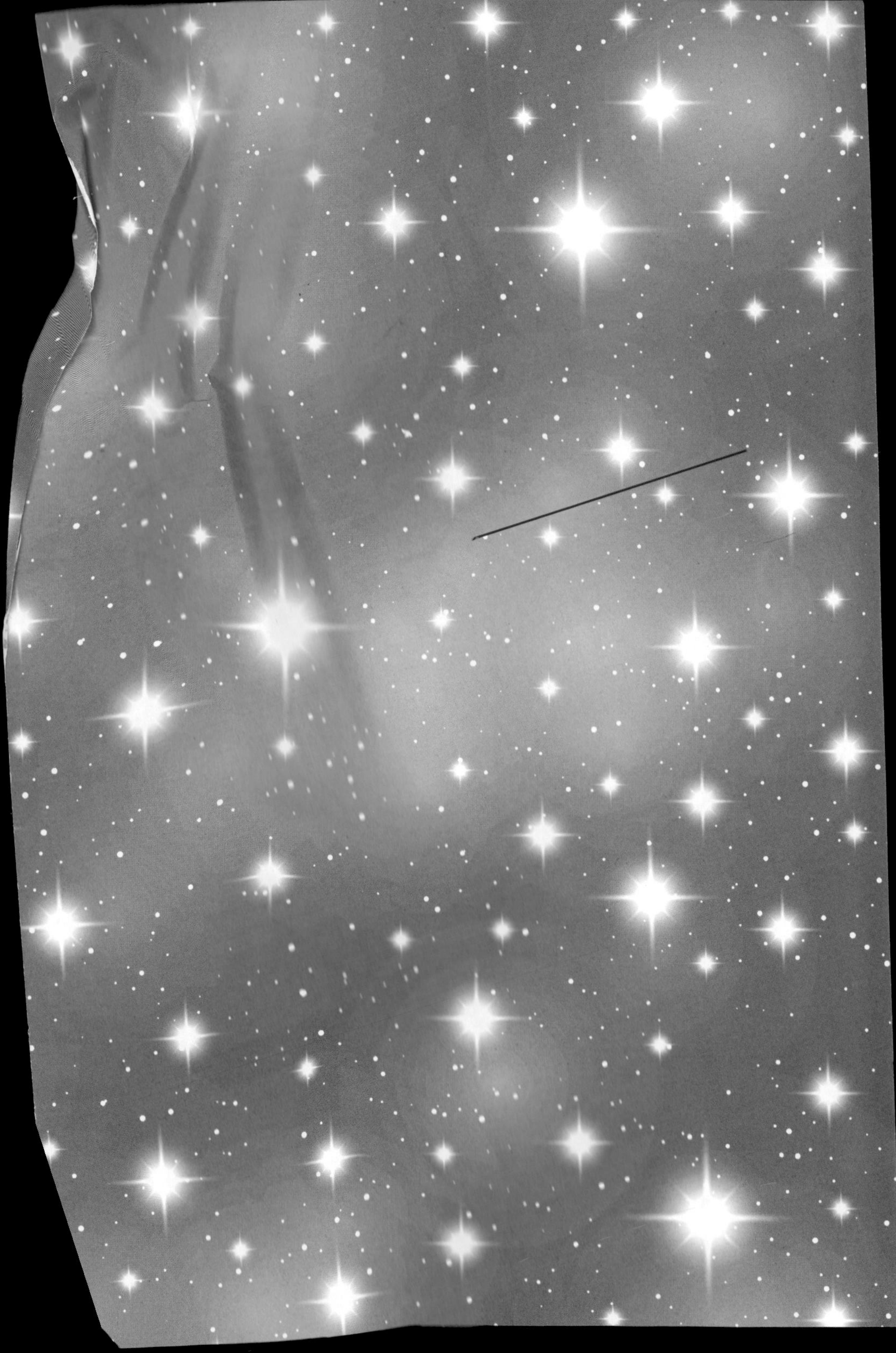

七星列車如何成為人人搶搭的豪華列車

感動工作學

唐池恒二 著　葉廷昭 譯

目錄

推薦序 感動才能產生巨大的力量 沈方正 011
前言 何時開始大家都不再感動了？ 013

第一章／工作要令人感動

1 沒有感動的工作不叫工作 018
2 用音樂打動人心 024
3 體貼與慢工細活才能帶來感動 028
4 「序．破．急」的感動手法 035
5 心懷感動的人，才能感動別人 040

第二章／工作要帶來活力

1 「打招呼、夢想、速度」是組織充滿活力的關鍵　046
2 「氣」是萬物的活力泉源　051
3 「氣」力充盈的五大法則　055
4 靠「行動訓練」達成連霸的業餘表演隊　060
5 夢想凝「氣」　065
6 農業帶來活力　071
7 尊重歧異的哲學　076
8 突破營運瓶頸的關鍵就在進化　082
9 誠信至上　086

第三章／工作是用來享受的

1 數字越詳細，工作越開心 092
2 打掃創造職場歡樂氣息 097
3 愉快地降低成本 103
4 消除煩惱的三大良方 108
5 提升待客品質是增加營業額的唯一辦法 112
6 服務與成本的兩難 118
7 安全就像嬰兒 122
8 隱瞞問題罪該萬死 127
9 你快樂於是我快樂 131
10 打破常識的好處 135

11 看不到的地方也要保持乾淨 139
12 主管的高薪要拿來換新鞋 145
13 當個筆記魔人 150

第四章／工作的本質是傳達

1 成為傳達高手的五大要點 156
2 資訊濃縮在三項以內 161
3 手寫的魅力 165
4 重要訊息的有效傳達 170
5 在兩公尺內對話就能解決一切問題 174

6 以父母心命名 177
7 見面三分情的真意 181
8 疑人不用，用人不疑 185

第五章／工作就是一連串的發現

1 與其信任大數據，不如相信自己 190
2 細心分三種層級 195
3 招攬客人的提示就在小孩身上 199

第六章／工作即創造

1 重拾創造的原點 204
2 區域振興的十大要訣 209
3 塗鴉也是設計 215
4 活動和美食，是活絡地方的要素 219

第七章／工作要判讀時代走向

1 領導者應在不易決策時做出決定 226
2 領導者要當員工一輩子的老師 232

3 提高期待值，員工才會不斷進步 236
4 驚人的專業技能和人才培育 240
5 世界正經歷目不暇給的變化 247
6 一百五十年的教訓 253
後記 感動不只有一種 259

推薦序

感動才能產生巨大的力量

沈方正

闔上書稿後最大的感想是滿滿的感動，與想跟同仁、同業分享的心情。本書作者唐池會長以「經營當以感動為先」的理念以及其背後的思維，實踐在自己的企業中並產生了巨大的力量。

散落在各篇章中的故事，生動的描述了日本JR九州從國鐵分家之後，如何在沒有資源、沒有客觀條件之下求生存，從而求進步再來求感動、求完美的過程。是台灣服務業面臨激烈競爭的當下非常好的借鏡。同時，文章中對於做好服務業所投入的細心與決心，特別值得細讀深思。

我自己本身除了在工作與事業上多有學習外，特別想提出兩點分享。第一是對員工態度的教導：「君子坦蕩蕩，小人長戚戚」「尊敬對手的崇高態度」「關心弱勢的員工」等，都是我們常忽略沒有注意到的。第二是員工對客戶的感知訓練：「細心留意客人的存在」「細心留意客人的行動」「細心留意客人的心思」，這三個層次也與我們集團在訓練員工回應客戶的精神不謀而合。

一個好的領導者最大的使命，就是建立願景並激勵教導成員共同去實踐，唐池會長提供了絕佳的範例，投入自己喜愛的工作，全心努力感動客戶也感動了自己，讓我們共同朝此目標努力邁進！

（本文作者為老爺酒店集團執行長）

前言

何時開始大家都不再感動了？

這是一個「欠缺感動」的時代。

用這種方式形容現代社會，或許還滿貼切的吧。

JR九州目前底下有三十七間相關企業。

一聽到JR，大家可能會以為我們的業務以鐵路為主。事實上，營收的六成以上是鐵路以外的事業所貢獻。比方說往來博多與韓國的快輪「BEETLE」、在東京赤坂地區開設的餐飲店「UMAYA」等，另外，我們的業務也延伸到不動產、農業、藥妝店之類的領域。

這些事業並非都一帆風順。

當初日本國有鐵路分割為民營化之後，我們跟JR北海道、JR四國，被稱為「三島（倒）公司」，飽嘗了逆境和屈辱。

好在那時候員工有很強的危機意識，他們知道再這樣折騰下去，JR九州一定會完蛋。

只靠鐵路事業無以為繼，要找出新的活路才行。我們堅持這個信念，在逆境中咬牙苦撐，開朗、積極地面對每天的工作。

身處逆境之中，最需要的正是夢想。

不管是大夢想還是小夢想，大家一起達成夢想時的喜悅，令人回味無窮。

經歷過那樣的歲月，現在我極為重視一個信念：那就是**缺乏感動的工作不叫工作**。

可是大家看看這社會，生活和工作中已經少有感動人心或是散播感動的事了。

當然，也不是完全沒有感動的體驗。

有時候我們觀賞運動比賽，會沉醉在興奮和感動之中；參加歌手的演唱會，我們也願意跟其他樂迷一同站起來歡呼聲援；看到感人的電視劇，我們會淚汪汪地關注接下來的發展；在畢業典禮上，跟同學之間的回憶也會湧上心頭。

即便是在缺乏感動的時代，我們在特別的「活動」上，還是有機會感動自己和別人。

只是，日常生活中的感動越來越小，頻率越來越低，持續時間也越來越短。換言之，感動的程度不夠，數量不夠，持續性不夠。

尤其在經營面上更是如此，給予感動和獲得感動的力量變弱了，這種力量稱為「感動的授與」。

索尼在一九七九年推出了「隨身聽」，帶來極大的震撼與感動。廠商有心挑戰極大的感動，消費者也願意獲得感動。兩者的熱力產生了很大的能量，捲起的浪潮遍及全世界。

豐田在一九九七年，推出全球第一款量產型油電混合車「PRIUS」，也是如此。這一款汽車轟動全球，驚人的省油力和超乎想像的便宜價格，帶來了極大的感動。

「我們要趕上新世紀。」

豐田這句標語，緊緊抓住了每個人的心。

那時候，所有企業都在極力思考，如何帶給顧客感動。現在還是有企業努力朝這個方向邁進。

不過我還是認為，近年企業帶來的感動太小、太少、太短了。

過去的顧客也滿心期待企業能提供感動，但這樣的期待最近也比較少見了。

企業內部授與感動的機能逐漸衰退。

以前部屬對主管提案時，都有想讓人大吃一驚的企圖心。

而主管在點出美中不足的地方時，也會佩服部屬企畫的新穎之處和宏大規模：「虧你想得出來啊，了不起。」

不只下對上如此，上對下也是一樣。

以前高層會闡述企業的夢想，帶給部屬感動。部屬被感動後，才會全力跟隨，一起實現夢想。部屬的感動，會轉化為一種受到啟發的心境，進而採取實際的行動。

過去的企業，感動的提供者和接受者之間，有高度的溝通交流。

如今，不思進取的現象太嚴重了。

經營是為了帶給人們感動。

經營當以感動為先。

我秉持這樣的信念，寫下了《感動工作學》這本書。

這部作品若能感動到各位，那麼身為作者的我也同感欣慰。

請各位掌握授與感動的能力吧。

第1章

工作要令人感動

01 沒有感動的工作不叫工作

「恭喜您！您獲選了。」

顧客在電話的另一頭聽到這句話，會先沉默一下。之後，震驚的情緒立刻轉化為激動的言詞。

「真的假的？我預約到七星列車的票了！」

我們公司的七星列車，每半年會開放一次為期一個月的預約期間。四月可以預約秋天到明年春天的票，十月可以預約明年春天到秋天的票，兩個時段都能做未來半年的預約。

從二〇一三年十月通車營運以來，預約人數總是超過名額。過去競爭最激烈的是七號車廂的頂級豪華套房，被抽中的機率只有千分之二，預約跟中樂透一樣困難。

預約期間結束以後，就開始抽每班車的乘客。二〇一七年十一月十七日的《日經行銷雜誌》版面上，寫道「我們有拒絕王貞治的覺悟」。我們用公平的抽籤決定乘客，任何關說都沒用。

抽完的隔天早上十點，旅遊諮詢中心會打電話告知獲選的旅客。開頭各位看到的，就是我們通知獲選的對話。

★感動，從接獲通知的那一刻就開始了

旅遊諮詢中心有五名女性職員，她們都很清楚七星列車的相關資訊。

這五位職員會依序聯絡獲選的旅客。

當其中一位職員在通知旅客時，其他人會停下手邊的工作，聚集到正在講電話的職員身邊。

當職員以開朗的語氣恭喜旅客，其他人就跟著一起拍手。

電話裡的顧客，在聽到恭喜和獲選的通知後，情緒會從驚訝轉為感動。

職員拍手的聲音，也增強了他們感動的情緒。

而他們的反應和接下來說的話，也感動到我們的職員。

「啊啊、太好了，終於可以孝敬爸媽了。」

「這不是做夢吧？不是騙我的吧？」

「太好了！我預約好幾次都沒中，本來已經放棄了，謝謝你們。」

其中還有人喜極而泣，不斷跟職員道謝，有的職員也會受到感染而激動落淚。

七星列車之旅的感動，從接到獲選通知的那一刻就開始了。

顧客與旅遊諮詢中心的互動，遠不僅如此。

之後的幾個月內，我們會跟顧客通話二十次左右，藉此了解對方。

幾天後，JR九州會寄送正式的獲選通知。

旅遊諮詢中心的職員，會親手寫上收件人的姓名。由於有半年份的預約人數，少說也要寫上幾百個信封。以人工方式撰寫非常花時間，但職員們都樂在其中。

我身為主管，也決定親自替獲選通知書署名。

我寫字不好看，並不喜歡提筆書寫。只是看到部屬們樂在其中的模樣，覺得自己也得親自簽名，不然沒辦法服眾。所以，我會花上半天的時間振筆直書。

而獲選的顧客，也想多了解七星列車。第一次獲選通知後，旅客會頻繁打電話到旅遊諮詢中心詢問。

「你們會提供什麼餐點啊？」

「車內可以抽菸嗎？」

「有沒有服裝限制？」

「我出發前一天會在福岡，幫我介紹旅館好嗎？」

這些是比較常見的疑問，他們會問各式各樣的問題。而旅遊諮詢中心的職員，會細心解答顧客的每個疑問。

★提高顧客的期待感

在正式出發之前，旅遊諮詢中心也會抽時間打電話給顧客。

我們會說明搭乘七星列車的注意事項，順便在不冒犯客人的情況下，請教他們的健康狀況、興趣、嗜好等。

「請問您有什麼飲食上的好惡，或是有對什麼食物過敏嗎？」

「車內有鋼琴和小提琴的現場演奏，請問您有什麼想聽的曲子嗎？」

「可否請教一下您個人的紀念日呢？例如結婚紀念日、三十週年紀念日等。」

接近出發日期，我們還會問下列問題。

「距離出發就剩一個月了，您還有什麼不明瞭的地方嗎？」

「再一個禮拜就要出發了，是否做好準備了呢？」

隨著出發日期的接近，旅遊諮詢中心的職員能感受到顧客的期待高漲。他們在搭車前，就已經滿懷期待了。

為了搭乘七星列車，許多顧客還會努力管理自己的健康狀況。

旅遊諮詢中心的職員曾聽說，有的人在得知七星列車全面禁菸後，會利用搭車前的時間努力適應禁菸生活。某位顧客還寄信給旅遊諮詢中心，內容如下。

老邁多病的父親在得知獲選後，變得越來越有精神了，我這個女兒也感覺得出來。父親似乎把搭乘七星列車當成人生目標在奮鬥呢。以前他的腿不太方便，走起路來很吃力，現在每天都會在家附近走一千步。最近，他走路變得健步如飛。

當我看到這封信，心頭湧現一股暖流。

★喜淚相交的賓主相見

到了出發的當天早上。

獲選的旅客魚貫走入博多車站的貴賓室，那是我們特地為七星列車乘客設置的專用貴賓室「金星」。

貴賓室裡，也上演著感人的「喜相逢」戲碼。

「唉呀、您就是旅遊諮詢中心的井上小姐啊，勞煩您打這麼多通電話來關心，真是太謝謝您了，我一直想見您一面呢。」

本來顧客和旅遊諮詢中心的職員，只透過聲音認識彼此，現在終於相會了。幾個月來雙方透過電話多次交流，感覺就好像見到相識已久的老朋友一樣。

七星級的旅遊，有七星級的感動。

這一切在顧客接到獲選通知的那一刻就產生了。

沒有感動的工作不叫工作。

02 用音樂打動人心

音樂是最能感動人心的東西。

四天三夜的七星列車之旅，感動會在第四天傍晚達到最高潮。

列車從博多車站出發，繞行九州一圈後在第四天回到博多。

在抵達博多車站的前一個小時，乘客會前往一號車廂的貴賓廳參加告別派對。派對並不是大家聚在一起吃喝吵鬧，我們的職員會把這四天來充滿回憶的旅遊照片，編輯成投影片播放出來，請所有人一同觀賞。

旅客們愉快又專注地看著畫面，彷彿再次品嘗這趟旅行的感動，一想到旅程即將結束，每個人的表情都感觸良多。

同時，七星列車原創的小提琴演奏曲響起，夾雜著乘客的歎息和列車運轉的聲音。

整段演出差不多七、八分鐘左右。

投影片結束前，旅客間瀰漫著一股離情依依的氣息。等到影片結束，幾乎所有乘客都流淚了，將近一半的人甚至號啕大哭。

這四天的感動和即將結束的感傷交織在一起，小提琴演奏刺激著這樣的情緒，撼動每個人的心靈。

我也想體驗看看。

如果沒有小提琴演奏，旅客大概不會被感動到哭泣，甚至號啕大哭吧。

★音樂的魔力

我會的卡拉OK曲目大約超過兩千首。我沒有特別努力練習K歌，純粹是從小就很喜歡唱歌。

音樂有感動人心，讓對方產生某種情緒的強烈作用。

世上的任何軍隊都有軍樂隊。

軍樂隊的音樂有提高士氣和紀律的功效，也能傳達一件事情的開始與結束。比方說，戰爭電影裡用來叫士兵起床的小喇叭，就是最單純的音樂應用範例。

音樂對記憶力也有很大的影響。

學生時代的初戀回憶、剛踏入社會時的初心，還有工作上的各種酸甜苦辣，當我們聽到那個年代的流行音樂，或是過去常哼的曲子，就會想起各種往事。

以我個人來說，一聽到加山雄三的《嫁給我吧》，就會想起過去開設博多到韓國釜山的快輪有多辛苦。那時候氣候不穩定，快輪經常沒辦法運行。

員工的士氣也必須想辦法維持，所以我在下班後經常唱這首歌。

「我會搭上這艘船，找到你的幸福，等我回去以後，請你嫁給我好嗎？」

這首曲子有著開朗的旋律，還有追求大好前程的正面歌詞。我跟員工們一起唱這首歌，發誓要努力經營新的快輪事業，並成功突破自然環境的挑戰。

順帶一提，在船上工作的幾名男女職員，真的像歌詞寫的一樣交往、結婚了。

為了重振赤字連連的餐飲事業，我們也活用音樂激勵各家店長，讓他們能愉快又充滿朝氣地幹活。

也多虧大家的共同努力，眼看著經營就要有起色。於是我在開會的時候，秀了一首用熱門金曲改編的歌曲。

現在重看當時的社內快報，連我自己都想笑，想不到以前會認真思考那些東西。可話說回來，大夥一起喝酒唱歌、痛快大笑，每天朝著夢想邁進，最後理想終於成真，也是不爭的事實。

最近，我去卡拉ＯＫ很喜歡唱動漫歌曲《金肉人Go Fight !》——

「心中沒有愛，就稱不上超級英雄。」

03 體貼與慢工細活才能帶來感動

二〇一三年十月，豪華軟臥七星列車在九州發車。七節車廂共有十四間客房，四天三夜的行程在每週二出發，兩天一夜的行程在每週六出發。從博多站出發後繞行九州一圈，再回到博多。

自從通車營運以來，我們不斷改進服務品質和旅遊行程。營運通常以半年為一期，二〇一八年十月，我們服務了第十三期的乘客。

這段期間，發生了熊本地震和豪雨災害。所幸，七星列車受到許多顧客的支持，預約沒獲選的顧客也沒有放棄等待。

★外觀、裝潢、午餐的一連串感動

搭乘七星列車的旅客，首先會被進站的列車感動。大家看到古色古香的外觀，無不睜大眼睛發出讚嘆。

接下來進入車廂，看到車內裝潢又會再次驚豔。

他們會發出感動的嘆息。

緊接著來到午餐時間。

一進入用餐車廂，有專業的壽司師傅在料理檯前捏壽司，大家看到又是一陣驚呼。

客人入座後，我們會送上剛捏好的新鮮壽司。不是盒裝的那種，而是師傅現做、擺在餐盤上的壽司。

七星列車的乘客都很喜歡美食，精通餐飲店資訊的更是大有人在。

當他們知道做壽司的是知名店鋪「山中」的師傅，情緒也越來越高昂。

「想不到能吃到這麼奢侈的美食！」

進入博多站月台的七星列車

用心捏出的每一份壽司，飽含著師傅的心意。

而在列車中捏壽司，就是種慢工細活。兩者相輔相成，帶給客人極大的感動。

充滿體貼心意的慢工細活，才有這樣的力量。

這才足以感動客人。

★壽司名店的師傅親自上菜的感動

「山中」是福岡最具代表性的壽司名店。

我跟七十七歲的店主山中啄生素有交情，自從我們開始營運七星列車，我就努力說服師傅，請他為我們提供壽司當餐點。

起初師傅是不同意的。

七星列車提供的不是盒裝壽司，而是師傅在客人面前現做的新鮮壽司。而製作壽司的，還是店主本人。

四天三夜的第一天，也就是禮拜二的午餐時間，師傅會搭上七星列車做壽司。在這段時間，師傅沒辦法顧店。這等於是為了七星列車犧牲自己的生意。

也難怪師傅會不同意。我拜託他提供午餐就好，終於得到應允。

原以為，師傅只要稍微離開店一下就好。等七星列車開始營運後，才發現自己天真的想法大錯特錯。

每到提供餐點的日子，師傅早上五點半就要起床。

他會前往市場挑選鮮魚。選完回到店鋪，把那些魚做成壽司的食材。這是要避免在搖晃的列車內使用菜刀。

上午九點，師傅抱著食材和米飯，前往車廠搭乘列車。之後，在車內的廚房做好，才準備迎接客人前來。

師傅做準備的這段期間，列車從車廠移動到博多車站。上午十一點，列車就會載著乘客出發。

專業師傅現做的美食極意

中午十二點做好最終準備後，客人會聚集到一號車廂的貴賓廳，以及二號車廂的餐廳享用午餐。

剛搭上列車的乘客，一下子就被美食擄獲。充滿感動與鮮甜滋味的午餐，會在下午兩點結束，每個乘客臉上都掛著笑容。

師傅認真地做完打掃工作，便帶著店內的兩個助手，在中途的日田站下車，才前往站前的食堂飽餐。

之後，他們又要馬不停蹄地乘車趕回博多。

到了晚上，嚮往博多名店的饕客，又會聚集到店鋪裡享用美食。

★一流師傅餓著肚子捏的壽司

我本來以為，請師傅在午餐時間離開店鋪兩個小時就夠了。這下才知道自己錯得有多離譜。

其實，師傅從早上五點半到下午兩點，都在準備七星列車的伙食，等於花了將近九個小時的時間。

有一次師傅跟我說，花時間準備壽司是理所當然的事，他還順便告訴我做出美味壽司的祕訣。

「從一大早起來到下車、進入站前食堂的這段時間，我完全是粒米未進。」

師傅沒吃早餐，只喝一杯水就餓著肚子專心上工了。

「年輕時師傅教我們，捏壽司的過程要保持空腹的狀態。吃飽的話你看自己捏的壽司，也不會有食欲，更不會覺得好吃。保持饑餓的話，捏的壽司看起來就會很好吃。你要一直想著好吃，捏出來的壽司才會真的好吃。」

換言之，從早上到下午兩點，師傅們都是保持饑餓的狀態，以最好的集中力和「氣」在捏壽司。

等工作結束到車站前的食堂吃飯，哪怕只是一碗湯麵，吃起來想必也特別美味。

聽了師傅的說法，完全可以體會所謂的飽含心意，指的就是這麼一回事。

為什麼客人會被他們家的壽司感動得一塌糊塗，我似乎明白箇中原由了。

★味道沒有標準，慢工細活才是基準

當然，不是只有壽司這麼費工夫，七星列車的每一道料理都是精心製作。

正因為是飽含心意的料理，我們才會訂購給客人享用。

過去我在從事餐飲事業時，明白了一個道理。這也是我挑選店家的基準。

什麼是客人會喜歡的頂級料理呢？

答案是「慢工細活」的料理。

一流的料理，都有一定程度的滋味。

至於那些滋味有多「好吃」，要看食用者的喜好、生長背景、生活環境、身體狀況等各種因素，所以評價不一，也很難有一個衡量基準。

不過，慢工細活是看得出來的。

做一道料理花了多少工夫，是有辦法衡量的。

進一步解釋，你光看一個師傅或主廚幹活的方式，就能看出他受到多少栽培，而他自己又花了多少心思鍛鍊技術。

美食的關鍵不是味道，心意和慢工細活才是。所有感人的工作，都講究心意和慢工細活。

我認為任何事情在達到一個水平後，這個道理都能共通。

04 「序・破・急」的感動手法

日本神社的地面會鋪上碎石子，這其實是有意義的。

在神道中，有靠聲音清淨心靈的觀念。踩著碎石子走越久，代表參拜者的心念越清淨。

所以，**靈驗的神社，參拜步道通常都很長**。有的神社會在沿途安排攤商，或是種植松樹，搞不好還有池子或流水，參拜者能以愉快的心情走到本殿。

我稱之為「神社參拜步道論」。

路夠長才叫奢華，走越久才越享受。

說到神社，就會想到祭祀的雅樂。

雅樂有三種講究，分別是**「序・破・急」**。

「序」是指緩慢、沒有固定節奏的開頭，只規定太鼓的拍打次數，其餘則自由發揮；「破」則是加入節拍；「急」是添加演奏的速度感。一曲由三部演奏構成。

換句話說，雅樂一開始講究緩慢和寧靜的開頭，接下來節奏越來越快，最後加上速度感，以一氣呵成的方式帶來最高潮。

松下幸之助的演講，是經營者的典範。

篠原兄弟則是相聲界的翹楚。

他們都是以沉靜的聲音開場，吸引大家專心傾聽，接著搬出一套理論、故事、笑料，最後以要點總結。

感動人心的事物，都講究「序．破．急」。

★把列車當參道的美學

對我來說，伊勢神宮是神社參拜步道論的最佳範例，也是唯一稱得上是「神宮」的地方。無論外宮或內宮，都有一條莊嚴而寬廣的大道，從入口一路延續到正殿。

二〇一七年，「神宿之島」宗像．沖之島及相關遺產群被列入世界遺產，福岡的宗像大社也名列其中。這件事引起不小的話題。雖然宗像大社有悠久的歷史，但相形之下參拜步道的距離有點短。

相對的，太宰府天滿宮的參拜步道就很長，走起來很愉快。除了有考生尋求學問之神庇佑以外，也有不少國內外的觀光客。

古今中外，位高權重或家財萬貫的大戶人家，大門內多半有很長的通道，那些名門望族也覺得那代表了一種驕傲。

同樣的現象在列車上也看得到，之前東海道新幹線的餐車，多半設在八號車廂。乘客要走過八節列車才吃得到東西，但大家都樂在其中。

新幹線一節車廂大約有二十五公尺，這等於要走兩百公尺左右。

七星列車最高級的車廂，位在最後一節七號車。

各種美不勝收的景色在視野中流轉。

絢麗的車窗風景，我們稱之為「價值三十億的畫框」。而七號車廂便是獨占美景的特等席。

這樣的特等席，離一號車廂的貴賓廳和二號車廂的餐廳很遙遠，有不少人表示反對。不過，把價格最貴的高檔車廂設在最後面，就不會有其他乘客來往。況且，用餐的時候頂級車廂的乘客，最後才來到餐廳，這種登場方式也很氣派。車窗的景色也是最高級的享受，七星列車一節車廂二十公尺，走過五節也才一百公尺。

前方一號車廂的貴賓廳

七號車廂的頂級套房

聽完我的解說，大家最後都認同了。

我想塑造出走起來很愉快的列車。

面對我的要求，設計師水戶岡銳治起先有點煩惱。於是，我提起電影《〇〇七．來自俄羅斯的愛情》中，詹姆士．龐德躲避追殺的橋段，跟他說我想要的感覺。

電影中，龐德在東方快車的通道上左閃右躲。那一幕看起來超帥的。

仔細想想我才發現，電影中每一節車廂的客房位置各不相同，所以龐德才有辦法在列車內閃躲。

換句話說，每節車廂的窗戶位置也不同，不同車廂看到的景色自然就不一樣。

繞行九州的列車，一邊看得到青山，另一邊看得到碧海。

兩邊都是不容錯過的美景，客人在各節車廂裡走得越久，越能看到賞心悅目的光景。

這就跟神社的參拜步道一樣，在通往高潮之前有「序．破．急」的講究。

神社有格調高低之分，通常規格越高的神社越宏偉，參拜步道的距離也越長。

現在，七星列車的官網上有這麼一句標語：「典雅深紅配上金黃徽章，充滿高貴品格的七節列車。」

或許可以再加上一句——突顯格調的一百公尺美景。

05 心懷感動的人，才能感動別人

工作以感動為起點，也以感動為終點。

工作的目標，是要帶給別人活力。

醫生帶給病人活力。

演員帶給觀眾活力。

作家帶給讀者活力。

餐廳帶給饕客活力。

JR九州帶給乘客活力。

所有的工作，都是要帶給別人活力。

帶來活力的工作，一定有感動人心的要點，以及值得注意的地方。

假設公司職員構思了一個好企畫，並匯整成資料。資料整理得好，主管一定會覺得感動。

「能想到這個不簡單耶。」

「目的和方法很明確呢。」

「很容易就能想像執行以後的狀況。」

「了不起！」

在裁決企畫時，主管至少要有這些感動才能蓋章核可。

說句極端一點的，如果主管絲毫不覺得感動，那就不應該同意執行企畫。

主管要當個挑剔的顧客，不能輕易被感動。

★感動自己，才能感動別人

把顧客的活力和感動放在第一位，自然會產生各種靈感和想像力。

七星列車的服務人員，總是在思考大家為什麼會來搭乘列車。

我參加過他們私底下的聚會，也有已經離職的員工加入。大家一起討論工作上的話題，樂此不疲。

「什麼樣的特別服務，才配得上七星列車？」

「對七星列車的乘客而言，什麼事情讓他們最開心？」

「從開始營運至今，服務有沒有改變？」

我也會事先做好準備，以便回答他們的問題和意見，而他們的熱忱也令我感到欣慰。

七星列車剛營運不久，某位旅客在結束旅程後寫信給我們。

這趟四天三夜之旅，真的很感謝各位的關照。尤其服務人員W先生的貼心舉止，讓我感動落淚。我的丈夫已經去世了，三十年前我們一起造訪由布院，正好當時下了一場大雨，我們沒辦法前往豐後竹田，只好搭乘巴士繞路。我把這段往事告訴W先生，他準備了兩組茶具，並在桌上放了一頂帽子。他說，不妨以帽子代替故人，夫妻倆一起欣賞路上的風景吧。等他離開後，我感動得哭了。

W聽了客人的往事，跟同事商量後決定提供那樣的服務。後來客人來信道謝，這件事也在公司裡傳開。顯然七星列車這個職場，能讓W思考工作與感動的關聯。

現在W調到其他列車上，全身曬得黝黑又健康，工作也非常勤快。他已經不在七星列車值勤，但之前在員工聚會上，他表示自己還是會思考如何帶給客人感動。

那時，客人和丈夫之間的回憶感動了W，因此W也才能感動到客人。

無法感動的人，感動不了別人。

工作能力高超的人，都是心懷感動的人。

我一直抱持這樣的想法。同時，在審核企畫案時，也一直提醒自己當個挑剔的客人，不能輕易被感動。

第2章

工作要帶來活力

01／「打招呼、夢想、速度」是組織充滿活力的關鍵

該怎麼做，組織才會充滿活力呢？

我一直在思考這個問題，並且在工作中採取行動，實踐我的理念。

不曉得為什麼，我從年輕時就一直負責公司的新事業，以及經營不善的事業。JR九州明明是鐵路公司，卻從事一些堪稱有勇無謀的多角化事業，例如船舶運輸、外食餐飲事業等。當然站在長遠的角度來看，只有鐵路事業早晚也是撐不下去。

在這種命運之下，我三番兩次被任命為「敢死先發部隊」。

其中令我印象最深刻的，是船舶和餐飲事業。

首先是船舶事業，我開設了博多港到韓國釜山港的國際航線。

我以奇蹟般的速度成功開設航線，但剛營運的那幾年，總是克服不了惡劣的天候。出航率難以提升，搭乘的人數自然不多，經營赤字也遲遲無法改善。事業部的同仁一開始都非常有幹勁，大家都想打造出成功的新事業，無奈士氣再高也不敵連年的赤字摧殘。

我在擔任餐飲事業部門的次長時，赤字更高達三億元之多。當時的營業額有七億多，

賺七億還倒賠三億，看到這個數字我真的差點暈倒。剛上任時召開店長會議，與會的店長都沒活力，似乎都要放棄了。

★照顧寂寞的人

我是個很害怕寂寞的人。

不過，我不是那種害怕獨處的人。

我是看到那些沒有活力又寂寞的人，才會跟著感到寂寞。

像我這種個性的人，一看到有人缺乏活力，就會產生想幫助他們的熱忱，這或許稱得上是一種本能吧。

「我想為那些沒有活力的人帶來力量。」我無法克制這樣的念頭。

年輕時參加聚會也是如此。

比方說三五好友聚在一起吃喝玩樂，我一向是主動打開話匣子的人。我會說一些笑話或趣事，努力讓話題充滿樂趣，常常忘記吃東西或喝酒。

聊著聊著，我發現有些人的笑容比較少，臉上的笑容也並非出自真心，跟其他人相比較為沉默。

這時候，我的本能就會覺醒。

我會找一個新的話題，跟對方閒聊：「對了，剛才的事情你有什麼看法？」只要主動拋出發言的機會，沉默聆聽的對象就願意開口了。對方一旦打開話匣子，就會進入對話的核心之中，笑容看起來也像發自內心。

看到對方在短時間內改變，我也就放心了，而且是打從心底感到高興。宴會的氣氛自然更加熱絡，我的笑話也就越講越有趣。

看到寂寞的人，我沒辦法置之不理，在處理船舶和餐飲事業的時候，我的這種本能也受到刺激，讓我絞盡腦汁思考一個問題——

到底該怎麼做，才能讓大家有活力呢？

★以聲音和速度，帶動活力和「氣」

在宴席上帶動氣氛不是什麼困難的事，但要替職場或組織加油打氣就不容易了。

這種情況下，簡單有效的方法比複雜的理論更加合適。

所謂簡單有效的方法，就是善用聲音。

比方說，我們在確認鐵路安全時，會高喊「左線安全」「右線安全」。

我們這些任職鐵路公司的，很擅長這種確認的手法。

在帶領船舶事業的時候，為了努力保持職場的愉快氣氛，每天一大早我會大聲地跟職員打招呼。

打招呼是確認員工有沒有活力的手段。每天用這種方式確認彼此的活力，就像在確認鐵路安全一樣。久而久之，打招呼的聲音就變大了。

領導餐飲事業，我也用同樣的招術。

首先我要求店長跟店員，同事間要大聲地打招呼。

客人來消費，也要大喊歡迎光臨。

除此之外，工作快速、幹練的員工，也會獲得獎勵。

所有職員一起了解營業數字，把轉虧為盈的意志昇華為「夢想」。

沒多久，店長和店員越來越有活力，每家店鋪和職場的氣氛也大有改善。

這是為什麼呢？

長久以來，我一直相信「氣」的力量，而打招呼、夢想、速度這幾個要素，可以把「氣」完全誘導出來。

「氣」無色無形，卻是每個人都擁有的活力泉源。
有「氣」就有活力。
沒有「氣」的人就沒有活力和衝勁。
提升員工、職場、店鋪的「氣」，組織和成員也會充滿朝氣。
那麼，什麼是「氣」呢？

02 「氣」是萬物的活力泉源

每個人都有「氣」。

不光是人，組織和團體、職場和店鋪也有「氣」。

自然界的「氣」，對人類有很大的作用。

歷史悠久的宮廟神社，周圍的森林充滿著平息森羅萬象的「氣」。

電影《魔法少女》中的森林，就是參考屋久島的白谷雲水峽繪製。那裡有屋久島特有的杉木，以及從江戶時代流傳下來的楠川花崗石步道，四周還有爭奇鬥艷的花朵。白谷雲水峽確實充滿一種特殊的「氣」，可以刺激創作者的靈感。

「氣」究竟是什麼？

《廣辭苑》字典的解釋摘要如下。

構成宇宙的基本，充斥於天地之間。

萬物生長的根源。

轉化為生命泉源的力量，活力的源頭。

換言之，地球上的萬物都有「氣」，宇宙中也有「氣」的存在。

一個人有沒有活力、舉辦活動會不會成功，端看宇宙中的「氣」能否為己所用，可否使「氣」的力量充滿四周。利用「氣」治病的氣功術、以「氣」的力量打倒對手的合氣道，就是基於這種觀念設計出來的。

我的工作方式也是基於這種思維。

簡單說，我把「氣」導入JR九州，才有七星列車和公司上市的成果。

二十多年前，我就主張職場應該充滿「氣」。

充滿「氣」的人，才有辦法獲得勝利。

充滿「氣」的職場，才有活力。

充滿「氣」的店鋪，生意才會興隆。

充滿「氣」的組織，活力才會高漲。

充滿「氣」的企業，業績才會進步。

我一再重申這樣的理念，JR九州的員工，聽到耳朵都快長繭了。

他們也親眼目睹，這個理念左右了各種事業和企畫的成敗。

★憑著「氣」重奪總冠軍

二〇〇三年，日本職棒球隊阪神虎，在星野仙一總教練的帶領下，終於拿下聯盟總冠軍。上一次奪冠是一九八五年，也就是十八年前的事了。

十年來一直徘徊於B級的隊伍，表現竟然突飛猛進。

那一年的賽季開始前，許多棒球評論家按照慣例，對各大媒體公布總冠軍賽的排名預測。

幾乎沒有人看好阪神虎奪冠，畢竟他們一直到前年都沒有好成績，能打進A級就阿彌陀佛了。

只有兩個評論家表示，今年的阪神虎值得期待，他們搞不好有機會奪冠。

這兩個評論家的依據，也跟「氣」有關。

據說在春季訓練時，阪神虎的球場充滿強大的「氣」。不管是參與守備訓練的教練還是選手，大家都氣勢如虹、鬥志高漲。

攻守交換或移動時，動作也毫不拖泥帶水。

活力四射的聲音，機敏的動作，鬥志高漲的緊張感。顯然阪神虎「氣」力充盈、大有可為！

那兩位評論家，就是根據以上幾點看好阪神虎。

「氣」的概念源自於中國思想。

中國思想的此一概念，在西洋也有類似的說法。

用英文來說就是Energy。

歐美人也知道，Energy會提升人的活力和幹勁。

我們常說，某個人身上有股獨特的氣場，或是某座森林散發出一種強烈的氣場，所謂的氣場也就是「氣」。

「氣」這個字就跟漫畫裡的氣場表現方式一樣，是朝四面八方擴散出去的。

「氣」字中有「米」字，而米飯中飽含了大地的「氣」。

因此，工作要有「氣」，才能帶給客人歡笑。

03

「氣」力充盈的五大法則

每個人都有「氣」，這前面已經提過了。

不過，「氣」的質量因人而異。

有些人氣力內斂，渾身活力充盈；也有人氣力外流，缺乏活力。

比方，大受歡迎的當紅演員和歌手。

我曾經在機場看過這些人，他們的眼神閃閃發光，流露自信的神采。站在一大群人中間也是鶴立雞群，身上橫溢著強烈的氣場。

相對的，有的搞笑藝人幾年前還在電視上演出，近年來卻少有曝光機會。我曾經在車站碰過這種藝人，他們一看就沒什麼朝氣和活力，跟一大群人站在一起很容易被忽略，身上一點氣場也沒有。

根據上述的例子，我們知道每個人身上都有「氣」，但強弱差異極大。

★在逆境中聚「氣」的五大法則

店鋪、職場、公司的「氣」在質量上，也有差異。

那麼，該怎麼做組織才會氣力充盈呢？

我四十歲的時候，被調到每年有三億元赤字的外食餐飲事業部。那時候我每天殫精竭慮，跟所有員工一起揮汗奮鬥，終於在追求盈利的過程中找出了成功的法則。

也就是氣力充盈的五大法則。

法則一，**活用夢想**。

夢想帶給人前進的希望和活力。

有了夢想，前進的方向和任務才會明確，組織才能發揮最大的力量。轉虧為盈就是外食餐飲事業的夢想。

軟銀總裁孫正義，在一九八一年創立了軟銀的前身，他在剛開始創業的時候就對員工闡明自己的夢想。

「五年後營業額要達到一百億，十年要達到五百億。」

「總有一天，營業額要破兆。」

（摘錄自井上篤夫《壯志凌雲・孫正義傳》。）

三十二年後，軟銀二〇一三年度的合併財務報表，營業額一欄超過六兆元，營業利益更高達一兆以上。

夢想帶給孫正義和他的員工充盈的氣力，讓他們勇於實踐目標。

我在創立七星列車時，也跟設計列車的專家談過夢想。

「JR九州要做出世界第一豪華的軟臥列車。」

有些人認為我不切實際，但大多數的人都被「世界第一」這個目標給打動。

「世界第一」點燃了那些專家心中的鬥志，激發他們追求完美的精神。為了打造出世界第一的列車，專家們使出了渾身解數。

夢想的力量，帶給那些專家充盈的氣力。

法則二，**幹練迅速**。

日常工作也要講究迅速和效率。在職場中移動，也該健步如飛，不能拖泥帶水。跟顧客交流，一切以速度為重。

秉持幹練、迅速的理念行動，整個職場就會聚氣了。

法則三，**聲音要開朗有活力**。

對客人和同事打招呼，聲音要開朗有活力才行。員工講話開朗有活力，職場和公司才會聚氣。

這麼做能帶給客人安心感，對提升營業額有幫助。同事之間勤打招呼，也是良性溝通的第一步。

開會討論工作也一樣，講話不清不楚的職場無法聚氣。

講電話也是同樣的道理，當你看到員工壓低音量講電話，十之八九都不是好事，說不定有居心不良的企圖。

法則四，**一絲不苟的緊張感**。

某本雜誌上有篇專欄，專門報導名人介紹的店鋪。

介紹者多半是女演員、歌手、政經界名人、文藝名士等。某個女演員介紹了一家小壽司店。

「那間店我每次去都瀰漫著一種緊張感，店員在客人面前永遠保持一絲不苟的態度，是一家好店。」

女演員說得沒錯，一絲不苟的緊張感很重要。

好的店鋪，絕不會有員工閒聊的狀況發生。

店內外永遠保持乾淨整潔，環境打理得光鮮亮麗，櫃台和餐桌上也絕不會有多餘的東西。

整間店和店員的心思都放在顧客身上，充斥著一絲不苟的緊張感。緊張感對任何人和組織都很重要。

好的緊張感，會帶來良性的「氣」。

法則五，**追求完美**。

每天逐步提升自己的技能。

不斷增進知識，朝著目標邁進。

這種上進心，會引來大量的「氣」。

每個人身上都有「氣」，但份量會依照需求而產生變化。

努力求「氣」的人，就能實現夢想。

04 靠「行動訓練」達成連霸的業餘表演隊

我當上社長的第二年，要求所有員工參與「行動訓練」。

我在公司提倡氣力充盈的五大法則之後，一直在思考有沒有什麼好方法，可以讓所有人一起實踐。

有一次我看電視節目剛好在介紹日本體育大學的團體行動表演，那些大學生的表演吸引了我的注意力。

他們的動作乾淨俐落，沒有一絲紊亂，整個隊伍散發出緊張的氣氛。所謂的整齊劃一指的就是這樣吧。真是太漂亮了，看得我好感動。

這才是氣力充盈的行動。

我心想，JR九州也該採用團體行動訓練。

就算達不到日本體育大學的水準，應該也能做到團體行動的基礎。

我把基礎的部分稱為「行動訓練」。

所有員工和幹部，包含我這個社長，每半年都要做一次行動訓練。

「所有人排成兩列橫隊，集合！」

「注意！」

「向右看齊！」

「向右轉！」

訓練時間大約一小時，挺辛苦的。

新進職員的員工教育，除了為期一個月的講座之外，還會在課餘時間穿插行動訓練。新進職員每天會花三到四小時從事行動訓練，所以新人的行動訓練水準相當高。

從駕駛員和站務員的安全確認動作上，看得出行動訓練的成效。

例如在做指認呼喚應答的時候，他們的姿勢和動作乾淨俐落，就連伸出手指的動作也比以前漂亮有力。

職場的氣氛也有明顯的變化，員工散發出一絲不苟的緊張感，整個職場充滿「氣」。

★從行動訓練到參賽表演

行動訓練實行兩年後，員工們組成一支團體舞蹈的表演隊伍，參加「福來亞洲祭典」，隊名叫九州櫻燕隊。

這個比賽是效法札幌「YOSAKOI 索朗祭」團體演舞大會。有差不多八十支隊伍出場，當中有不少經過嚴格訓練的大會常勝軍。

這些常勝軍之中，還有高中演舞大會的佼佼者，以及其他知名團體。我們的九州櫻燕隊是業餘員工組成，不曉得能拿下什麼成績。

第一次出場的九州櫻燕隊，展現出相當剛勁的表演，堪稱是行動訓練的集大成。

沒想到，第一次參賽就得到第五名。

雖然只有第五，但會場的觀眾都說九州櫻燕隊帶給大家的感動不亞於冠軍隊伍，我認為這話說得沒錯。

九州櫻燕隊的表演氣力充盈，這也是行動訓練的成果之一。

★榮登熱門影片

參加福來亞洲祭典的五年後，九州櫻燕隊跑去挑戰札幌的 YOSAKOI 索朗祭。

我們參加四十人以下的團體競賽，出場隊伍多達六十五支。其中有八成是北海道在地的隊伍，隊員都抱著在客場作戰的覺悟參加比賽。

這比賽不愧為演舞大賽的元祖，參加者多半以女性為主。參賽者都穿著和服改裝成的漂亮衣物，用華美的舞蹈擄獲觀眾的心。

那些隊伍的演出，也掌握了在比賽中獲勝的關鍵。

不是只有冠軍候補水準高超，幾乎每一隊的表現都很棒。

這種情況下在客場作戰，要得獎可謂難如登天。

九州櫻燕隊是男女混合的隊伍，服裝也是用鐵路職員的制服改成的深藍服飾，跟其他隊伍比起來相當獨特。

得獎是不太可能的，我也不抱太大期望。

接著，九州櫻燕隊的表演開始了。

看到行動訓練的俐落演出，北海道觀眾無不瞠目結舌。講句粗俗點的，他們都被嚇傻了吧。

評審也趣味十足地欣賞著表演。

結果，九州櫻燕隊第一次出場就摘下冠軍。

沒有主場優勢，又缺乏比賽經驗，九州櫻燕隊還是克服萬難奪得冠軍了。

九州櫻燕隊的表演，儼然是「氣」的具體呈現，也是「氣」帶來的華麗成果。

順帶一提，拿下一次冠軍已經很不容易，連續奪冠更是難上加難。

九州櫻燕隊隔年又前往札幌，試圖奪得連霸。

北海道的在地隊伍，也不可能讓外人連年抱走獎杯。

所有隊伍表演完後，大家虛心等待結果公布，司儀朗聲宣告。

「冠軍，九州櫻燕隊。」

我們真的達成連霸了。

九州櫻燕隊的表演在 YOUTUBE 上也看得到，請各位上去觀賞。

2013年九州櫻燕隊參加福來亞洲祭典的演舞表演

05 夢想凝「氣」

勇於「做夢」是氣力充盈的第一法則。

我很喜歡「夢想」這個字。

這就跟其他經營者或企業談到的「願景」一詞差不多。

依照我的定義，使命是企業存在於社會的意義。

企業獨力追求的形象，既是一種願景，也是一種夢想。

企業在一帆風順的時候，很難自發性地產生願景和夢想。畢竟經營順利，員工會甘於維持現狀。

以前有所謂的「鐵飯碗怠惰病」，現在則有「大企業怠惰病」。

我再重申一次，JR九州絕不是大企業。

我們被中央政府拋棄，跟北海道、四國的鐵路公司合稱「三島（倒）公司」，既沒有山手線也沒有新幹線，跑的路線也多半是不賺錢的地段。

直到三十年前，公司都還擺脫不了這樣的困境。

在困境之中，傻眼看著現狀也於事無補。我們只能遠眺未來，找到一個願景和夢想。

★跟熊本縣縣長學習突破困境

困境中才有夢想。

這一點不論個人或組織都一樣。

熊本縣的蒲島郁夫縣長，也是在困境中找到夢想。

少年時代的蒲島縣長，本想成為牧場主人、政治家、小說家。可惜他的成績不好，在熊本縣的縣立高中裡，始終是吊車尾的水準。

出社會以後，他決定發奮圖強，開始努力向學，展開行動。

經歷過農協職員的工作，他以農業研修生的身分前往美國深造，對學問產生濃厚興趣。二十四歲就讀內布拉斯加大學的農學系，取得學士學位，接著又在該校取得農業經濟學的碩士學位。後來他立志學習政治，遂前往哈佛大學的甘迺迪政府學院研修博士課程，成功取得政治經濟學的博士頭銜。

如此勤學已經很了不起了，他又當上筑波大學的教授，在五十歲左右，就任東京大學法學部教授。

六十一歲時，他參加熊本縣縣長的選舉。在五名候選人當中，他的得票率超過一半，獲得壓倒性的勝利。目前他已經連任三屆了。他大刀闊斧推動財政改革政策，包括砍掉自己月薪的三十萬元等，就任七年償清了四百五十億元的債務。

這樣功成名就的蒲島縣長，也曾遭遇多次困境。

二〇一六年四月，熊本發生地震。無巧不巧，四月十六日地震發生的當天，正好是他第三屆任期的頭一天。

縣長一直站在第一線，指揮災害應對和復興工作，他說完成創造性的復興是自己的使命。

現在，他力求盡快完成復興工作，其中也包括重建受災者的居住地。他堅守崗位，持續提出各種復興方案。舉凡修復熊本城的天守閣，還有恢復重災區的觀光與經濟等，這些夢想在不久的將來都會實現。

蒲島縣長在嚴苛的困境中設立目標，秉持著在困境中才有夢想的態度，跟人民一起追逐復興家鄉的美夢。

他就跟一再遭遇困境的九州一樣，是值得我們效法的領袖，也深得大家的認同。

★隱藏於歌舞伎台詞中的商業智慧

新歌舞伎的戲曲《新・三國志》中，諸葛孔明有一段台詞，展現了用夢想代替願景的思維。戲曲中的孔明由歌舞伎名家第三代市川猿之助所扮演。

「讓我們用夢想的力量，幫助劉備當上賢君吧。夢想的力量帶領我們走到這一步，夢想的力量激發了我們的幹勁。」我打從心底讚賞這段台詞。

過去日本鐵路公司還是國營的時候，JR九州只看重企業使命，把公司在社會上的存在理由看得比什麼都重要。

那個時代，公司只會以使命來搪塞問題，永遠解決不了跟本業無關的勞資抗爭，還有各種破壞行動。而且提供的服務品質極差，彷彿良好的服務不是使命一樣。

民營化以後，也只是勉強保持鐵路運輸的使命而已。

「鐵飯碗怠惰病」依舊沒有改善，過不了多久連使命也蕩然無存。

我們應該追求多角化經營，全力提升營業額和利潤，成為自立自強的企業，進而達成完全民營化和股票上市的目標。

真到了緊要關頭，國家是無法依靠的，我們必須自立自強。

過去，我們沒有新幹線或山手線，只是一家不賺錢的鐵路公司。

《新・三國志》上演的時候，我正好在帶領赤字連連的餐飲事業，當務之急是開創美味可口的店鋪，轉虧為盈也是我的願景。

不過，轉虧為盈的願景，聽起來不太夠力。

那時候我每天都在思考這個問題，碰巧聽到猿之助扮演的諸葛孔明，在戲曲中提到「夢想」這兩個字。

轉虧為盈的願景，轉虧為盈的夢想。

哪一種比較激勵人心呢？

哪一種比較動聽呢？

「夢想的力量激發了我們的幹勁。」

專家想出來的話果然不同凡響。

現在回想起來，「夢想的力量激發了我們的幹勁」，這句話或許可以改成夢想的力量激發了我們的「氣」吧。

★把壞球打成全壘打

假設用棒球的打擊比喻經營，營運事業很少有正中的直球讓你打，會遇到的幾乎都是壞球，開發新事業更是一堆難打的爛球。

把國營事業轉變成一家體質良好的企業，就跟成功營運新事業一樣困難，兩者都是要把壞球打成安打。

而將國營事業轉變成獨立自主的企業，以優良的民營企業之姿股票上市，形同把壞球打成全壘打一樣困難。

現在的JR九州也是如此，我們必須不斷敲出安打和全壘打。

想敲出全壘打的經營者，請試著用「夢想」代替願景吧。

你會實際感受到，自己應該追求什麼目標。

06 農業帶來活力

養雞場早上剛採收的新鮮雞蛋，會送到我的社長室。

位於福岡縣飯塚市的養雞場，由六座飼育棟構成。每棟飼養一千六百隻雞，全部住滿大約有九千六百隻。養雞場在之前完工，從當月開始，每個月飼養一千六百隻小雞，六個月後六座飼育棟就住滿小雞了。

假如這是我們擅長的公寓分售事業，等於房子剛蓋好就全部賣光了。

那一天我收到的新鮮雞蛋，是最先進入第一座飼育棟的小雞用半個月到一個月的時間，產下的第一批新鮮雞蛋。

俗話說，第一批新鮮的雞蛋要拿來孝敬祖母。這些雞蛋的尺寸不大，但一看就是營養滿點又有活力的雞蛋。只要吃過一次，就再也吃不了其他雞蛋，那種無可比擬的美味實在令人感動。

這時候，我就很慶幸有發展農業。

在我擔任社長的時代，JR九州開拓了農業的版圖。

開始發展農業後，很多人問我。

「為什麼鐵路公司要搞農業呢？」

對於這類疑問，我準備了幾個官方說法。

JR九州致力於農業的理由有以下三點：

一、看到各地的荒地越來越多，有種很淒涼的感覺。

二、我們想守護美麗的田園風景。

三、農業與鐵路事業有共通點。

以上三點，是我們從事農業的官方見解。

★農業跟電影小說具有同等的力量

不過，官方說法之外，還有另一個不為人知的理由。

那就是，**農業可以帶給人們活力**。

帶給人活力的，都是美好的事物。

我是個喜歡看電影和讀書的人，所以很敬重製作人和小說家。

因為，電影會帶給人活力，小說則帶給人們感動。

對於那些提供我們活力和感動的導演、演員、作家，我一向抱持著敬意和感激。

「謝謝你們提供活力，謝謝你們帶來感動。」

同樣的，農業也有提供活力的作用。

農業的本質是生產糧食。

而食物是維持生命的能量來源，食物多半來自稻米、麥子、蔬菜、畜產等農產品。沒有農業，人類就會失去泰半的能量來源。

農業提供糧食，來維持人類的生命。更進一步說，食物提供我們朝氣與活力。

換言之，沒有農業就沒有活力。

七星列車也享受農業的恩惠。

列車上的料理，都是用九州各地農家提供的嚴選食材製成，廣受顧客的好評。

尤其阿蘇車站的餐廳「火星」，當中的早餐更是饕客最愛。

你可以看到桌上擺滿從阿蘇地區採收的蔬菜，食物採自助方式供客人選取，一大早就有許多老人家享用新鮮的蔬菜。

「阿蘇的蔬菜很好吃，一吃就停不下來。」

九州的農產品，讓七星列車的乘客充滿活力。

★農業造就了人生意義

農業不光是提供人們活力的來源。

務農就是在從事勞動工作，透過農務作業，勞動人口也會充滿活力。

JR九州的農場，有許多有務農經驗的人來幫忙。有些人年事已高，或是家中沒有人繼承，才不得已放棄務農，但他們並不討厭農活。

「幹農活可以常保健康啊。」

務農有許多辛苦的事，但農活對身心健康卻大有好處。曾有報告指出，繭居族或拒絕上學的年輕人從事農活以後，又能過上普通人的生活。

幾年前，我去宮崎縣都城市的農業團體視察，也聽到類似的故事。

那些年輕的繭居族在當地從事農業，體會到工作的樂趣和人生意義。有些人在那裡工作幾年以後，便自立門戶投入農業經營。

農業提供糧食的原始機能，帶給人們活力；從事農務工作，也能保持身心健康。這是我決定加入農業經營的另一個理由。

07 尊重歧異的哲學

尊重歧異。

這是我長年來，對員工耳提面命的信念之一。

JR九州在二〇一二年，公布了「創造二〇一六」中期經營計畫，在解說「成長與進化」的概念時，我加入了下列的文章。

JR九州集團，會秉持熱情與勇氣，

追求事業規模的「成長」，

以及組織和事業變革的「進化」。

我們要尊重歧異，培養出鼓勵員工挑戰的職場文化，

JR九州集團會跟每個員工，一起持續追求成長和進化。

成長和進化，將為我們帶來更多新的旅客。

※【尊重歧異】傾聽前所未有的意見和想法，作為成長和進化的「契機」。

這段說明，還有細心的註釋。

組織面對內部歧異的方式，深受我當時的觀念影響。

★讚美勇於挑戰的人

組織很容易染上公家機關的陋習，因此尊重歧異是有意義的。

所謂公家機關的陋習，是指員工不願意挑戰的風氣。

比方說，遇到問題推諉、拖延，該處理問題的人不願意力求突破，這種職場文化常見於公家機關。

這不是一件好事。

所以，我不吝讚賞那些勇於挑戰的人。

充滿公家機關陋習的組織，聽到我的做法或許會皺眉頭。我喜歡稱讚那些前所未有的挑戰，或是被視為歧異的措施。

如此一來，勇於挑戰的人自然會增加。

主動參加新事業的員工開始越來越多，因此這個觀念，確實很適合培養積極創造的職場風氣。

★召募多樣化的組員

多樣化這個概念，我認為可以翻譯成尊重歧異。

仔細想想，我們不斷從事鐵路以外的新事業，並積極接觸和招攬外部的資訊，腳踏實地拚出成績和利潤。所以，對於多樣化的效用，JR九州有很深刻的體認。

而七星列車，正是尊重歧異的集大成。

七星列車的經營理念，是採用日本從未見過的超級豪華列車。

我們用傳統工藝的技術和美感打造列車，這同樣是前所未有的創舉。

營運之初，列車組員為二十五名，一半是擅長服務顧客的員工，另一半是對外招募得來的菁英，錄取率只有三%。

其中有待客經驗豐富的國際線空服員、知名旅館的禮賓人員、往來各地的旅館從業員、品酒知識名滿天下的專家等。

可以說集合了各行各業的高手。

我一直維持多樣化的職場風氣，能幹的女性職員也開始出頭天。

在過去的國營時代，鐵路公司是以男性為主的社會。

鐵路事業是我們的本業，員工的體力必須要能應付二十四小時的輪班體制，晝夜顛倒或值夜班是家常便飯。在一九八〇年代末期，有個知名廣告，標語是「你有沒有辦法二十四小時全力奮戰？」對鐵路人員來說，二十四小時備戰是理所當然的事情。

這種風氣和現代社會有些格格不入，但我們必須維持基礎設施的安全，所以那些高中或大學畢業的新進職員，在身心兩方面都有這樣的氣概和覺悟。大家透過站務員的工作，追求公共運輸安全，學習如何處理突發的狀況和班次問題。

我的第一個任職地點，是貨物車站隅田川站，後來也在山手線的指揮所待過。在我們公司上班，自然會養成隨時能工作的體能，以及面對任何事故的心理準備。

本來，女性細心的特質可以發揮在鐵路事業上，但從體力層面來思考，過去國營鐵路仍以男性為主，民營化後的JR九州一開始也是如此。

★公司變革，女性領袖誕生

不過，公司在二〇一六年上市的時候，已經變成業外收入占營業額六成以上的企業。在變革的過程中，女性活躍的機會也越來越多。

公司需要女性領袖，這是很自然的發展。

二〇一二年，當時餐飲事業集團出現了一位女社長。

就任社長的A女士，是我在總公司擔任業務部長時的下屬。

她工作幹練，講話直來直往；在必要的情況下，她勸諫我這個上司也毫不猶豫。

尤其她在酒會上很懂得帶動氣氛，公司的後進不分男女都很喜歡她。後來，甚至還產生她的派系。

JR九州規模不大，一個小單位產生派系是有些誇張。然而，跟她在一起的員工都很開心，工作效率也大有進展。

這時候，身為男性主管的我該怎麼做呢？

我跟大家一樣，也加入了她的派系。

這沒什麼大不了，只要能帶給組織活力，領導者就該採取當下最適當的手段。

之後她當上總公司的人事課長，又被人事部門提拔，成為公司第一位女性人事部長。

二〇一七年，她升任了我以前擔任過的業務部長。

她現在跟我講話同樣直來直往，在白天開會或下班喝酒時都是耿直敢言。

當然，她絲毫沒打算加入我的派系。

A女士的成就，對同輩的男性職員是很好的刺激，也是其他女性職員的效法目標。我們也可以透過她的例子告訴社會大眾，像這種過去是國營事業的組織，女性也有機會出頭天。

未來有其他女性展露頭角，公司也會有新的成長和進化。

08

突破營運瓶頸的關鍵就在進化

曾聽說，企業的興盛只有三十年光景。

企業和生物一樣都有壽命，一個企業的榮景，最多不超過三十年。

這說法大約是三十年前出現的，至今還是有人提起。

大家不妨看看日本的職棒史。

綜觀職棒球隊背後的公司，企業興盛三十年的說法確實有道理。

日職的中央聯盟和太平洋聯盟，在一九五〇年召開錦標賽，大約是七十年前的事。那時候電影產業蓬勃發展，聯盟裡都能看到球隊冠上電影公司的名字。

後來，西鐵、阪急、近鐵、南海等民營鐵路公司，成為球隊經營的主流企業。一直到一九六五年，東京燕子隊都是冠上國鐵的名字。

一九六〇年代，日本電影產業走下坡，聯盟中看不到電影公司的名字了（唯有東映的名字存續到一九七二年）。

七〇年代，西鐵獅的名字變成太平洋俱樂部獅，東映飛人隊也變成日拓飛人隊了。

★看球隊老闆是誰就能知道時代的主角

球隊的經營主體，也跟著時代趨勢轉變。最初從電影公司轉變為鐵路公司，再從鐵路公司轉變為不動產企業。

八〇年代，還有兩個球團轉移經營權，阪急勇士移交給歐力士，南海鷹移交給大榮。代表金融和物流業的公司，取代民營鐵路公司登上職棒舞台。

到了二〇〇〇年，軟銀、樂天、DeNA等ＩＴ企業成為主流。

看職棒球團的歷代名稱，就能看到各時代的龍頭產業。

綜觀整個產業界的歷史，一九五〇年代紡織纖維產業達到頂峰，六〇年代則是鋼鐵和造船這類重工業迅速成長。

七〇年代家電和物流業抬頭，八〇年代換汽車產業大躍進。

而現在，ＩＴ產業搶下了龍頭寶座。

★企業要改變才不至於衰敗

看前面的描述，可以明白企業壽命三十年的說法是有道理的。

當然，也有很多企業違反此法則，榮景持續了三十年以上。

相對的，不少企業連三十年的光景都沒有。

這兩者的差異在哪裡呢？

答案只有一個。

就是應付變化的能力。

假設一家企業開創某個事業，營運也逐漸上軌道。

這算是企業的成功經驗。

不過經濟的脈動會隨著時間改變，技術的革新也與時俱進。如果企業過度依賴以往的成功經驗，不肯進行產業或組織變革，那麼企業這個生命體也會邁向衰老。

衰老的下一步，就是死亡。

在企業的領域中，大家常談到成長和進化。

所謂的成長，從生物的觀點來看就是養育和茁壯。從企業的觀點來看，成長是指有效率地經營現有事業，試圖擴大營運規模。

進化，則是生物在基因上發生變化，創造出適合環境變化的生命體。這是生物殘存的必要手段，不會進化的生物只有滅亡一途。而企業的進化，是指改造營運形態和組織，挑戰新的事業領域。

企業有一種本能。

就算企業本身已經邁向衰敗，還是會因循過去的工作方式，持續仰賴舊有的事業，把成長當成首要之務。

不過，順應這種本能的企業，無法適應環境的變化，也阻止不了衰敗。

進化就不一樣了。

進化與成長本能不同，企業總是害怕進化。

畢竟進化並非企業的本能。

所以，進化需要堅定的意志力。

企業要有堅定的意志力違抗本能，看透時代的變化，勇於挑戰新的事物，才有辦法達到進化的目標。

各位記得一點就好。

不要害怕改變，以堅定的意志和勇氣，追求進化和改革，這樣的企業才不至於衰敗。

這段話，我也寫下來警惕自己。

09 誠信至上

「誠信。」

如果有人問我，經營企業什麼最重要，我一定會直接給出上面的答覆。

二〇〇九年六月，我當上了JR九州的社長。在記者會談到經營理念時，我第一個談的就是誠信。

從那以後，我在新年訓示和每月的內部報告上，也一再重申誠信的重要。

經營學家彼得·杜拉克在著作中也談到誠信。

「經營者有一項不可或缺的資質，這項資質無法透過學習獲得，那就是真誠。」（摘錄自《彼得·杜拉克的管理聖經》）

「真誠」的原文是「Integrity」。Integrity 有誠信、清廉、真誠的意思。

而「誠信」一詞在日本的《大辭泉》中，意思是不受私利和私欲影響，以真誠的心態待人處事。

★汽車大廠失去誠信的下場

依照我個人的觀點，誠信還有兩個重要的意義。

一是不說謊、不欺騙，表現出體貼的言行和思維，也可以說是信實或真心誠意。

另一個意義是勤奮不懈，主動運用自己的智慧和雙手，辛苦耕耘出一片天地。換言之，要用慢工細活創造成就。

誠信，包含了真誠和慢工細活。

首先來談談真誠。

言行舉止真誠，才能獲得消費者、顧客、地方百姓、以及社會的信賴。

最近，很多企業就是欠缺誠信，被逼入走投無路的絕境。

好比福斯汽車，整家公司用投機取巧的方式，規避車輛的排氣量檢查，東窗事發後才被大幅報導出來。

日本的東芝也爆發過財報做假，三任社長都被究責，公司聲譽也毀於一旦。

旭化成建材竄改施工資料，導致建築地基不穩，旭化成總公司的社長也引咎辭職。

其他，還有許多知名企業劣行敗露，信用跌落谷底。

可是，仔細觀察你會發現，事故發生通常不是企業破產倒閉的主因。那些破產倒閉或一蹶不振的企業，都是事故發生後的應對方式出了問題。

沒有事故當然是再好不過，但難免會出現意外。

這時候，趕快跟上司、總公司、相關人士、乃至社會大眾報告，才是拯救當事人或企業脫離危機的唯一辦法。

發生事故，當事人會受到一定的處分，公司的業績和形象也會受影響。不過，那都是暫時性的，總會事過境遷。

但隱瞞事故發生，或是用虛偽不實的報告搪塞問題，企業的信譽將萬劫不復，進而威脅到企業的存續。

事故不會導致破產倒閉，事後說謊和造假才是主因。

信用是企業最大的資產，缺乏誠信的企業，等於是主動放棄最大的資產。

★誠信可以化敵為友

前幾天，我有幸見到豐田汽車的社長豐田章男。

他是世界級的企業家，又有點像球員兼教練的棒球選手。我一直以來對他深感好奇，而他也確實是個有魅力的人。

二〇〇九年到二〇一〇年，豐田在美國進行大規模的產品召修。誠如各位所知，豐田社長主動前往美國眾議院的公聽會進行說明。他表示，未來會全力養成公開透明的企業，以顧客的安全為第一要務。於是公聽會後，整起事件就逐漸緩和下來了。

豐田社長跟我說起這段往事。

當時，某個共和黨議員給了他一個建議。

議員說：「正式參加公聽會的時候，向美國人民堂堂正正地表達你的正義就好。」

在召開公聽會之際，事件的真相還不明朗，而且不管事實真相如何，豐田很有可能在美國失勢。

豐田社長以一種細說往事的溫和口吻，告訴我公聽會成功的理由。關鍵在於日本總公司的管理者直接前往處理，不是交給美國的法人應付。

讓我們再復習一次彼得・杜拉克的名言。

「經營者有一項不可或缺的資質，這項資質無法透過學習獲得，那就是真誠。」

第3章

工作是用來享受的

01 數字越詳細，工作越開心

在日本職棒三次獲得三冠王稱號的，只有落合博滿一人。落合的厲害之處不光是打擊理論和技術，他擔任教練也搶下四次聯盟總冠軍、一次高潮系列賽冠軍、一次日本大賽冠軍。他精通棒球所有知識。

從經營的角度來看，我對他達成目標的方法很感興趣。

全盛時期的落合，曾在賽季剛開打的時候就宣誓要拿下三冠王。那時候，拿下三冠王至少要有三成五的打擊率、五十支全壘打、一百三十分的打點。落合設定的目標，永遠比這些數字來得高。他先設定年度最高數字，每場比賽也有必須達成的標準。

當初日本職棒每年要打一百三十場，用場次除以年度目標值，等於兩場比賽要有三支安打、一支全壘打，每場比賽得有一分打點。

年度目標先設定一個高標，再以每場比賽來細分目標值。

這種手法跟企業家有異曲同工之處。

企業也會先設定年度的銷售額目標，再細分每天要達到多少標準。落合領悟的道理，不僅適用於棒球，也適用於經商。

★與兼職人員共享目標值

我在帶領餐飲事業時，某家店鋪的店長和兼職人員，也採用了落合的手法。員工是餐飲界非常重要的戰力，他們工作的時間和部門雖然有限，但這些人對於職場和工作有很強的責任感。尤其資深的兼職人員，比菜鳥正職人員更了解職場，甚至還會叮嚀正職員工認真工作。

那些兼職人員實在太可靠了。

這邊來談談某間車站的鯛魚燒專賣店。

店內有位正職的男店長，平時個性有些散漫；另外還有四位兼職的歐巴桑。

這位散漫的店長，有個不錯的優點，就是在早上集會的時候，一定會清楚說明當天的目標營業額，以及得花多久時間達成。

「今天不是假日，但我們的目標是五萬元。所以，在傍晚五點前要賺到兩萬五千元才行。」

平常他散漫歸散漫，該說的絕不含糊。

如此一來，在傍晚五點前營業額尚未達標的話，兼職人員就會使出渾身解數。比方說電車一到站，歐巴桑就會備妥熱騰騰的鯛魚燒，跑到店外宣傳、推銷。她們會盡量多賣一點，給那些準備離開車站的乘客。所有兼職人員在工時內，會竭盡所能發揮他們的責任感和忠誠心，直到結束為止。

這就是清楚提出目標的功效。

說清楚細分化的目標，員工才會積極行動。

★細分營業額目標，成功轉虧為盈

現在，外食餐飲部門已經是我們集團的金雞母了。當初在快要轉虧為盈的時候，我們把細分數字的「落合流」達標技巧，應用在降低成本和提升盈餘上。

我一開始帶領餐飲事業的時候，營業額有八億元，赤字卻高達三億元。過了兩年，營業額有七億元多，赤字則減少到六千萬元的程度。

光減少赤字不夠，我們的夢想是轉虧為盈。

那時候共有五十家店鋪，每個月的店長會議，也有五十名店長參加。

對他們精神喊話，叫他們減少六千萬的赤字毫無意義。

單純講一個目標數字，很難令人感同身受。

於是，我用落合流的技巧細分數字。

「我們餐飲部門的收益，去年度有六千萬淨損。比對營業額的話，這是很龐大的赤字。然而，跟去年度的兩億赤字、還有之前的三億赤字比起來，已經有大幅度的改善了。這都是各位店長的功勞，今年我們一定要轉虧為盈。」

接下來，我對他們說明這六千萬的意義。

「六千萬這個數字，比每家店鋪的營業額高出三到四倍不止，看起來很龐大，但我希望各位換個方式思考。

「六千萬由五十家店鋪分攤，等於一間店鋪負責一百二十萬元。這一百二十萬再細分為三百六十五天的話，等於一天只要多賺三千多元就好。」

五十名店長的眼神瞬間為之一亮，他們顯然看到自己的目標了。

「一天多賺三千元，努力一點應該辦得到吧。」

看大家的表情，似乎慢慢被我說服。

「那好，假設營業時間有十小時，每小時只要多賺三百元收益，或減少三百元支出就可以了。」

所有人沉思一會後，都露出了恍然大悟的表情。

一九九五年，外食餐飲部門終於轉虧為盈。

營業額九億元，淨利三百萬元。

儘管不到三冠王的水準，但以一個新創的事業來說，是很值得驕傲的成績。

一九九六年四月誕生的九州食品服務公司，前身就是外食餐飲部門。九州食品服務公司在二〇一七年，創下史上最高的盈利水準。

至於利潤是不是剛好六千萬，就留給各位一個想像空間了。

02 打掃創造職場歡樂氣息

在新進職員的入社典禮發表訓示，是社長在新年度的第一件工作。

談話主題偶爾跟時事也有關係，但有件事我每次都會告訴底下的年輕人。

那就是打掃。

我曾聽其他企業的幹部抱怨，最近不會打掃的年輕人有越來越多的趨勢。我們公司的站長也有類似的怨言。

「叫那些新進職員打掃，很多人都不曉得該怎麼做。非得從頭教起，他們才知道如何掃除。等清掃完了，他們還不會收拾打掃用具。」

當然，這不是我在入社典禮大談打掃的主要原因。

我是要告訴年輕人，打掃對商業人士來說是件很重要的事情。

★重視掃除更勝勤學的偉人

二宮金次郎在日本是家喻戶曉的偉人。

他是江戶時代後期的農政家，也是推行農村改革的人物。

二宮金次郎主導各藩鎮和武家的財政改革，盡力復興各地農村。以現在的觀點來看，他就像知名的企業顧問。

我常跟員工講起二宮金次郎的一則故事。

有一天，某個貧窮的農民跑去找二宮金次郎商量。

「二宮先生，我每天從早忙到晚，家裡的經濟卻一直沒有改善，到底該怎麼辦才好？」

於是，二宮便前往那戶農家視察。

一進家門，只見玄關和房間內的物品散落一地，倉庫的鐮刀和鋤頭也隨便亂放。其他農業用具甚至還扔在地上，完全沒有好好整理。

二宮馬上就發現問題所在。

「你早上去耕田之前，都在做什麼？」

「早上起床先吃早飯，吃完去倉庫準備工具，準備好就去幹活了。」

「工具你一下就備妥了嗎？」

「像鐮刀或鋤頭那些當天幹活的必要工具，我得在倉庫找一個小時才找得齊。」

「是不是有找不到工具的情況發生？」

「呃、常有這種情況發生。我以為工具不見了，就買新的來用。」

二宮金次郎告訴農民改善的方法。

「從今天開始，你要好好打掃家裡、倉庫、庭園這些地方，每天都要徹底掃乾淨。」

不要的東西就丟掉（清理），必要的東西擺放好，以便隨時找得到（整頓），環境要打掃到一塵不染的地步（清掃）。

二宮指出，沒有做到這三點是農民最大的問題。

農民聽說二宮金次郎很了不起，沒想到他來也沒好好視察，只給了掃除的建議。農民有點後悔找他商量，但還是徹底清掃了家裡。

農民先丟掉不要的東西，狹窄的倉庫竟然整理出寬敞的空間，還找到之前遺失的工具。

每項工具重新保養後，有不少還能使用。

經過大掃除後，農民早上只要花五分鐘，就可以備妥工具去田裡幹活了。

不久，農家的經濟逐步改善，生活也越來越闊綽。

★向經營之神學打掃神效

講究清理、整頓、清掃的名人，不是只有二宮金次郎。

松下電器的創辦人，擁有「經營之神」美名的松下幸之助，曾經開創松下政經塾，並擔任塾長傳授經營訣竅。他的第一堂課，講的正是打掃。

歐美的經營顧問受邀前往企業視察時，巡視完職場後也一定會要求員工徹底做好清理、整頓、清掃的工作。

而被各大企業家推舉為最佳社長的永守重信，是日本電產公司的社長。他不斷併購那些經營不善的公司，還經營得有聲有色，對於掃除他也有一套看法。

「每次人家拜託我拯救那些快要倒閉的公司，我去他們的辦公室或工廠視察，沒有一家是保持乾淨、整潔的。」

永守對他們提出的第一項指示，就是先把公司打掃乾淨。

★在困境中發揮「清理、整頓、清掃」的十大神效

「清理、整頓、清掃」在商場上確有神效，我自己也有很深刻的感受。這十大神效歸納如下。

一、職場乾淨，心情自然舒適開懷。
二、有助於提升職場安全與衛生。
三、設備與機具不易損壞。
四、會產生愛惜物品的心情。
五、東西一下就找得到。
六、員工一起打掃，有助於培養良好的人際關係。
七、在客戶心中樹立良好形象，促進公司的業績。
八、學會按部就班的重要性。
九、會注意到以前沒發現的問題。
十、了解當務之急是什麼。

我個人認為，清理、整頓、清掃最大的效用是第十點，也就是了解當務之急是什麼。清理、整頓周邊環境，等於是在清理、整頓自身的思緒。你會分清楚事情的輕重緩急，以及真正重要的事。

最後，說到打掃不能忘記這個人。

他是黃帽企業的創辦人鍵山秀三郎，號稱掃除的傳教士。我就用他說過的一段名言，來替這一節總結吧。

剛開始打掃環境，不代表你會立刻賺大錢。

把環境打掃乾淨，會產生平穩的氣息。

在平穩的環境中做事，有鎮靜心靈和消除怒意的效果。

尤其在困境中，更該保持環境整潔。

你會有種得到救贖的感覺。

這才是掃除最大的效果。

（摘錄自《日子再難過，也一定會有一件好事》鍵山秀三郎著）

03 愉快地降低成本

降低成本是企業永遠的課題。

JR九州自創立以來，也在努力降低成本。我們實行了機械化和自動化的相關設備投資，以及運用各種節省勞力的政策。

跟一部分的廠商比起來，我們還有改進的空間。但以企業施政來說，我們已經成功刪減不少成本。

降低成本是企業經營戰略的一環，今後我們還要絞盡腦汁、多多學習才行。

降低成本沒有盡頭，也沒有什麼最高境界。

你只能在處理工作的過程中，「領悟」一些降低成本的方法，並試著把這種方法推廣到整個公司。

我想起過去帶領餐飲事業的往事。

有位店長想降低支出，他會在特定的時段關掉空調電源。比方說開店前還沒有客人，大家都在忙著準備料理或打掃的工作時，店長和員工會在服飾和工作效率上花點巧思，來做好開店的準備。
結果，那位店長省下了不少電費。
第一線蘊藏著許多的知識。請發掘這些知識吧。

★降低成本也要取個好名字

其實在第一線，很難想到千萬元以上的刪減對策。
主管一下子提出三億元的刪減目標，員工只會覺得那根本是天方夜譚。
要達到三千萬元的刪減目標，不如執行一百個三百萬元的刪減對策，或是找出一千個三萬元的刪減方法。
每個職場都有刪減三萬元或三十萬元的空間。
過去我們小型餐飲店的店長，也想方設法節省空調，每個月省下好幾萬電費。
於是，我決定替降低成本的運動想個好名字。
這樣大家才會一起思考如何減少三萬、三十萬的支出。
我以此為出發點，取名為「尋找三萬元，發現三十萬元企畫」，簡稱「尋現企畫」。

★用玩遊戲的方法刪減支出

我要求所有單位和員工參加這項活動。擔任社長的我，主動向大家說明企畫的主旨。

「過去降低成本，主要仰賴員工的節約意識。例如，刪減百分之三的影印紙用量，或是關掉不用的電器，減少百分之五的電費等等。」

員工都是一臉不解的表情，他們似乎不曉得還有什麼其他的方法。

「這次的『尋現企畫』不一樣。我們要絞盡腦汁運用巧思，偶爾轉變一下觀念，重新審視工作的方法，大幅減少不必要的支出。也就是用『尋找新方法、改進舊方法』的態度，去達到降低成本的目標。」

大家一聽到要重新審視工作方法，臉上露出了驚訝的神情。

「我們追求的不是節約，而是刪減非必要的支出。在某些情況下，我們可能會徹底改變工作方式，或是刪除非必要的工作。就算無法完全消除，至少也要減少兩成到一半。」

我鏗鏘有力地說完主旨，再補充說明尋現企畫的概念。

「我們把刪減幅度設定為三萬、三十萬，並以虛擬單位來表示。」

台下開始交頭接耳、議論紛紛。

「比方說，三十萬就稱為『一尋』，三萬稱為『一現』。」

如果找出三十萬元的刪減對策，該單位就獲得一尋；找到三萬元的刪減對策，則獲得一現。換言之，一尋等於十現。刪減九十六萬元，等於三尋二現。

★每年減少兩億支出的十大祕訣

為了方便各單位執行此企畫，我還整理出推動時的注意要點稱為「尋現企畫」十大祕訣。

一、清掃整頓。
二、檢討花費的效益。
三、打破舊習。
四、運用巧思。
五、縮短時間，提升速度。
六、統整工作或物品數量。
七、業務標準化、均衡化、共通化。

八、引進有效的新技術或新程序。
九、自動化、機械化、系統化。
十、改良目標和方法。

二〇一三年展開尋現企畫後，這個精神馬上遍及各單位。跟以前比起來，員工刪減支出也更加輕鬆，大夥都樂於執行尋現企畫。效果也是立竿見影。

第一年度的刪減額度，超過「六百尋」的虛擬單位。這代表成本降低了兩億元。

現在尋現企畫依舊持續進行，每年也穩定刪減掉「六百尋」的成本。

04 消除煩惱的三大良方

商業人士多少都有一些煩惱，尤其在企業工作的上班族更是如此。

我就來介紹一下自己曾經實踐的煩惱破除法，以及減輕煩惱的良方。

首先第一個良方，就是**說出煩惱的內容**。

美國汽車公司有位頂尖業務員，據說也是使用類似的方法。

他一大早起床會立刻打開窗簾，用意是讓陽光充滿整個房間。

接著，他會自言自語說：

「啊、今天的天氣真是太棒了！心情真不錯！今天一定會有很不錯的工作成果！我一定能簽下很多客戶！」

他是真的說出口，不是在心裡默念。

關鍵在於實際發出聲音，用洪亮的音量說服自己。

發出聲音這一點很重要。

光是在心中默念無濟於事。

當你在工作時產生煩惱，要這樣說。

「沒差，明天情況就會好轉了！」

「時間會解決一切！」

「總有時來運轉的時候！」

放寬心胸，實際說出積極、開朗的話。

絕對要開口說出來。

例如西班牙文的「Que será será」，意思是船到橋頭自然直。

韓文的「괜찮아요」，是不必擔心。

沖繩也有「免驚」的方言，意思是事情總有解決的辦法。

反正只要是積極、正面的詞彙都好，你要用樂觀、開朗的思維說出這些話。如此一來，**就算無法解決所有煩惱，至少也有繼續走下去的勇氣**。

★寫筆記治失眠

我嘗試過消除煩惱的第二大良方，就是**寫筆記**。

有時候我們難免會失眠，隔天該做的事情不斷浮現心頭，煩到根本睡不著覺。

這時候不妨寫筆記。如果你躺在床上心煩意亂，那麼乾脆爬起來，把那些煩擾一一寫在筆記裡。

實際寫出來後，你會發現看似一堆的事，了不起也才三、四件而已。

這三、四件事情一直縈繞心頭，才會讓你以為事情好像很多。

寫在紙上以後，就會知道該解決的問題很有限。

隔天早上看著筆記，依序解決很快就能處理完，搞不好中午以前就完成了。

如果有一大堆待辦事項浮現心頭，煩到你睡不著，通常都是同樣的問題在腦海中揮之不去的關係。

寫筆記就能理清思緒了。

保證你一下就睡得著。

★跟討厭的人見面

我嘗試過消除煩惱的第三大良方，就是**在你不想見到討厭鬼的時候，主動去見他。**

商業人士的煩惱，多半都是牽涉到人際關係。

越不想見到的人，越應該馬上去見。

早點見面，讓雙方保持在**兩公尺內**的距離交談，你會發現討厭的上司或可怕的人，其實跟你也沒什麼不同。

人與人之間一旦近距離接觸，就不會一直發脾氣或碎碎唸。

以我個人來說，假如我不想見到某個人，我會把這件事當成解決雙方問題的一大機會，主動鞭策自己早點跟對方見面。

以上三帖，就是解決煩惱的良方。

大聲喊出希望、寫下煩心筆記、主動去見討厭的對象。

這些良方保證藥到病除，各位不妨嘗試看看。

05 提升待客品質是增加營業額的唯一辦法

很多人誤以為，鐵路事業賣的是車票。

錯了，車票並不是商品。

日本各家鐵路公司，常會推出各種購票的降價活動。這種活動在業內稱為「特別企畫商品」，當然這只是一個稱呼，也不算鐵路事業真正的商品。

拿來販售的資財或服務才叫商品。

車票，頂多是購買和利用鐵路商品的「登記證」。

行使登記證上記載的權利，旅客才能獲得鐵路商品。

那麼，什麼是鐵路商品？

鐵路商品，是指鐵路業者提供旅客的一切服務。

比方說，從乘車站搭車前往目的地，這種運輸服務都稱為商品。

旅客在車站購買車票（登記證），走過驗票口前往月台，搭乘列車抵達目的地，離開列車走出車站。從購買車票到離開目的地的一連串過程，都是鐵路業者提供的服務。

包含在此定義的要素不勝枚舉。

例如列車的速度、列車的班次、搭乘列車的舒適度，或是車體設計的好壞等、車站設備的安全性與舒適性、販賣車票時的待客服務、列車職員在車上的行為舉止。

這一切都包含在運輸服務裡，統統都是鐵路商品。

★重新定義商品，一切以服務為重

這個道理，也適用在飛機和巴士等所有交通服務上。

經營旅館也是一樣，假設有客人預約旅館。

旅客抵達旅館，辦好入住手續進入房間。

住在旅館的期間，旅客會享受軟硬體兩方面的服務。

最後，辦好退房手續離開。

旅館的商品就是這一連串的過程，以及旅客在住宿期間所感受和體驗到的服務。

例如，旅館的預約方不方便？預約過程順不順利？旅館大廳的設備和待客服務好不好？房間的設備和機具好不好用？早餐滿意度如何？對於顧客的要求，旅館的處理是否謹慎又迅速？

這些服務的價值，至少要跟顧客支付的成本相等。

而對於鐵路的商品價值，旅客支付的費用就是所謂的運費。

如果商品價值高於運費，旅客的滿意度就會提高。滿意度提高，客源就會增加。

鐵路業者為了提升鐵路的商品價值，已經努力改善列車速度和班次。車站改建和設備的改良也在如實進行，車輛設計和搭乘的舒適感也不斷提升。

這些運輸服務的硬體層面，在這三十年來有飛躍性的進展。

★待客服務才是防止營收下滑的關鍵

然而，在車站或列車內的待客服務，這些軟體層面上並沒有特別用心。

至少我認為軟體的改善幅度比硬體來得低。

或許過去的經營者認為，不必那麼費力改進軟體層面。

這點大錯特錯。

鐵路事業跟旅館或一般的商店一樣，待客服務是影響營收高低的一大關鍵，對此我深信不疑。

國鐵民營化之後，JR九州從一九八七年開始營運的最初十年，營收一直持續成長。

這段期間，公司努力改善各種硬體設施，包括提升列車速度、班次、設置新站、改良車站設備、追求搭乘舒適度等。改善的效果也突顯在營收上。

不過到了一九九七年，收入開始減少。

亞洲金融風暴和消費稅上揚當然也有影響，但營收下滑的現象持續了整整六年，一直到二〇〇二年都是如此。

很顯然，原因出在內部，與世界情勢無關。

該如何打破停滯不前的狀況呢？

當時JR九州的社長石原進，看到一九九七年以來收入不斷減少，發現了問題的癥結。

那就是必須改善待客服務！

這個口號已經是老生常談，從公司開始營運以來，就一直在努力改善待客服務。

可是數據擺在眼前，就結果來說我們沒獲得支持，顧客的滿意度並不高。

顧客投訴和打電話抱怨的次數完全沒有減少，大家對車站的狀況不滿，甚至直接表示搭乘的經驗很不愉快。數字不會說謊，這與鐵路營收下滑有直接關聯。

二〇〇三年六月，我卸下餐飲集團企業的社長一職，回總公司擔任鐵路事業本部的服務部長，上級立刻對我下達一個指示。

上層要我想一個以服務為本的改善方法，而且要跟過去提升服務品質的「感動策略」不一樣才行。

★重視現有顧客的「新・感・動・作戰」

於是，我提出了「清理、整頓、清掃、清潔」這四大要點，這四點現在已經是經營管理的常識了，同時我還加了第五點「待客之道」（後來改為待客教養）。貫徹這五大重點就是我的改善計畫主軸。

名稱叫作「新・感・動・作戰」，我希望大家可以好好體會當中的意義，所以在字中間添加了頓點。

實施過程中，第一線的資深員工表示，就算提升服務品質也不會馬上改善營收。

不過，「新・感・動・作戰」在實行兩個月後，營收開始產生變化。

之前幾乎所有的車站，營收連續六年破底；想不到實施新作戰後，有半數以上的車站單月營收超越去年同期營收。整間鐵路公司的收入，在四個月後超越了去年的營收。

根據美國某家顧問公司的歸納分析，一家公司假設擁有一百名客戶，一年以後平均只剩下七十五名。失去了二十五名，大多會再增加相同數量的新客戶，有時候，失去的客戶會增加到二十七名左右。

另外還有經營學者表示：

「要獲得新客戶所耗費的成本，比滿足既有客戶還要高五到十倍。」

這話說得一點也沒錯。

我們得好好珍惜現在來光顧的乘客。

為此，我們能做些什麼呢？

那就是提供良好的待客服務，擄獲顧客的心。

杜拉克也說：「企業目的唯一正確而有效的定義，就是創造顧客。」

企業必須努力創造顧客，並且維持顧客的忠誠度。

06

服務與成本的兩難

服務與成本的關係，永遠是企業的難題。

因為服務與成本總是互相衝突。

企業得耗費龐大的心力，才能在第一線找出妥善的折衷辦法。

我帶領過鐵路事業、船舶事業、餐飲事業的第一線營運，之後在福岡大學任教兩年，講解服務與成本的課題。

我也曾經思考過，七星列車提供的頂級服務究竟是什麼？

對於服務與成本的關係，我的答案如下。

★頂級服務伴隨赤字的風險

首先，我們把服務和成本的關係畫成圖表。

雙方的關係，會形成二次函數的曲線。

假設把服務提升至七〇%的水準，那麼成本曲線只會緩步上揚。接下來，如何把服務調整到八〇%，就得看經營者的手段了。

以米其林指南來形容的話，餐廳必須努力追求三星級的評比。以我們公司來說，要把服務水準提升到九〇%，才有辦法吸引旅客搭乘七星列車。

服務水準從八〇%提升到九〇%，成本會上升二〇%。

從九〇%極力追求到一〇〇%，成本則會爆增五〇%以上。

跟八〇%的服務相比，成本多了一・五到兩倍左右。

追求世界級服務水準的事業，就是背負這麼大的成本風險。

空有追求頂級服務的抱負，營運一定會出現赤字。

而將赤字問題置之不理，赤字就會無限膨脹下去。

★小心不切實際的自我滿足服務

經營一項事業，又要兼顧頂級的服務水準非常困難。

追求完美的服務品質還要顧及營利，需要高超又細緻的成本刪減技巧。

只是，這種成本刪減做起來很有成就感。頂級的服務水準稍微變動幾個百分點，成本就會有很大的變化。

比方說，將九八％的服務水準調降到九五％，成本會減少一五％到二〇％左右。

從九五％調降到九〇％，成本會再降一〇％。

對於提供服務的業者來說，設定太高的服務水準，顧客不見得感受得到我們的用心。

待客之類的服務，說穿了就跟創作類似，兩者永遠有下重本的空間。

不過，**若不能感動到消費者、觀眾、讀者這些客群，那麼耗費的一切心力和成本，就只是業者的自我滿足罷了。**

換句話說，這叫不切實際的工作和服務。

回頭來談鐵路事業和餐飲事業，在尖峰時段和離峰時段，用在服務的心力和成本必須有所區別。

不同時段該做的事情不一樣，需謹記這個大原則，好好思考班別和時間表，進行適當的人力配置和設備投資。

相信各位已經明白，提供的服務越高級，事前的準備工作越會大幅影響到相關成本。

因此提供服務之前，請先消去多餘的自我滿足。

如此一來，成本就會降低許多了。以頂級服務為傲的事業或商品，追求盈餘不再是遙不可及的夢想。

實際經營一項事業，找出自我滿足的部分並不容易，是要花時間的。

越高等的工作，越容易產生不必要的自我滿足。

工作能力優秀的人才，都應該銘記在心。

07 安全就像嬰兒

首先，我要先解釋一下「安全就像嬰兒」這句話是什麼意思。

過去我當社長的時候，一直用這句話來叮嚀自己。

企業的領導者，必須無時無刻注意安全。

當你忙著處理其他工作，往往會無暇顧及安全問題，對安全置若罔聞。

同理，大人無暇理會嬰兒的時候，嬰兒會用哭鬧或耍脾氣的方式吸引大人的注意。

安全也是一樣，你不理會它，它就會找你麻煩。

安全開始耍脾氣的下場，就是發生意外事故。

依我過去的經驗，很多意外事故真的就是這樣發生。

所以我總是警惕自己，領導者必須永遠把安全當成第一要務。

自我擔任社長以來，最用心處理的就是安全問題。

雖說JR九州採取多角化經營，但本質上還是鐵路公司。

鐵路公司最重要的就是安全。

所有員工也都了解這一點，每天細心留意安全的行動。

不過，安全是種日常性的目標，我們很容易產生因循苟且的心態，這也意味著缺乏安全意識。一旦喪失安全意識，就很容易發生事故。我最擔心的也是這一點。

如何提升員工的安全意識，維持他們的緊張感，是社長最重要的使命。

於是，我替員工想了一些標語。員工的評價也不錯，他們都說那些標語確實有提升安全意識的作用。

一、容易睡著的安全意識。

當我們開始熟悉一項作業，在處理工作時稍有不慎，就會輕忽安全問題。

我稱之為「容易睡著的安全意識」。

其實每個人的安全意識都很容易睡著。不管你是優秀的員工，或是從來沒有發生過事故的資深員工，還是擁有危機意識的年輕新進員工，大家都一樣。

也不要說「這對專業人士來說是恥辱」，容易疏忽的東西就是容易疏忽。

那麼，專業人士該如何是好呢？

答案是，打從一開始就要知道安全意識容易睡著。

當你知道安全意識容易睡著，只要隨時做一些提振精神的事情就好。

這就好比我們叫醒別人的時候，會觸碰對方的身體或是發出洪亮的聲音。例如稍微搖一搖對方的身子，讓他趕快清醒過來。

對於安全意識也該比照辦理。

我們要實際活動身體，避免安全意識睡著，並且出聲提醒自己。

有一個好辦法可以達到這種效果。

就是指認呼喚應答。

指認呼喚應答是鐵路職員的基本動作，也是應該努力落實的目標。

「列車出發行進。」

「列車到站停止運行。」

「列車已關門。」

「左線安全，右線安全。」

用手指著各個注意事項，以洪亮的聲音複誦一遍，有助於提振我們的安全意識。

JR九州擅長的「行動訓練」（請參照60頁），也是為了徹底執行指認呼喚應答等基本動作，所編排出來的練習方法。

二、**再多確認一次**。

這個道理適用在任何工作上。

在完成一件工作之前，稍微再花一點工夫改善，成果會完全不一樣。

那一點工夫，蘊含著付出者在最後依然追求完美的心意。

在一件工作或作業的最終階段，請再次確認那些有疑問的部分。通常，最後確認可以發現重大的失誤，減少事故發生的機率。

能幹的人從不會省最後一道工夫，最後的確認是不可或缺的。

再花一點工夫，再確認一次。

這是確保安全的重要觀念。

三、**絕不懈怠**。

跟安全有關的工作，多半是單調乏味的內容。

處理單調的工作很容易膩，進而失去該有的緊張感。為避免類似情況發生，請反覆告誡自己絕不懈怠。

四、安全是靠自己打造的。

大家常說，要謹守安全規範。

這個說法其實不太正確。

這句話會讓大家誤以為職場本來就是安全的，不必做任何事情就能享有安全，只要保護好安全，不要失去它就好。

但安全不是別人替你事先準備好的，也不是本來就存在的東西。

第一線永遠充滿危險，根本沒有安全讓你保護。

你永遠不曉得會遭遇什麼危險，這就是第一線真實的情況。

安全不是用來保護的。

你要在每個當下忠實執行基本動作，喚醒自己的安全意識，並且靠雙手去培育安全的職場環境。

08 隱瞞問題罪該萬死

在處理重要工作的關鍵時刻，總會發生一些意外或阻礙。

這時候，組織該採取怎樣的應對措施呢？

先說結論，遇到類似的麻煩一定要告知內部和外部人員，而且絕不能有所隱瞞。

沒有比這更好的方法。

知情不報，肯定會造成無法挽回的傷害。

二〇一三年十月，七星列車的相關從業人員，瘋狂投入營運準備工作，再過一個禮拜就要開始營運了。

我們活用「序・破・急」的理論，思考品牌戰略，分批釋出營運資訊的手法也廣收奇效，七星列車越來越受到媒體關注。

我們跟記者密切交流，社會大眾也對七星列車很有好感。

七星列車萬事俱備，沒想到在二〇一三年的十月八日發生了一起意外事故。

列車在試運行的過程中擦撞到電線桿。

我們發現某個車站的架線桿蓋得離軌道太近，不符合規定。

偏偏七星列車的車體，尺寸又比其他列車大，因此才會擦撞到線桿。再者，我們還使用靈活的懸吊系統來增加乘坐的舒適性，以至於過彎時車身容易傾斜。

這次的事故，讓我們找到過去一直沒發現的問題。

同時，也印證了我們在追求七星列車的極限效能時，確實遵守了規定。

這本身是件好事。

不過，這個豪華軟臥列車花了十億元打造，乘車費用也跟最頂級的渡假旅館或豪華客輪差不多。況且，我們正在努力提升品牌形象，碰到意外事故實在是沉痛的打擊。

沉痛歸沉痛，但誠信是我們講究的一大原則。

在中期經營計畫書中，我們談到如何培養誠信的經營風範。

「本公司會以真實不虛的行動，跟集團的所有相關人士建立起信賴關係。」

計畫書上是這麼寫的。

說謊或隱瞞絕對不是好事。我也一再告誡底下員工。

對於九州的居民，也是不斷重申這項理念。

所以，我立刻透過宣傳部門，對外公布這次的意外事故。

這是個痛苦的決定，但我就是要讓大家知道，JR九州講究誠信，所以才壯士斷腕。

果不其然，那些本來支持我們的各家媒體記者，都說上級指示要他們減少七星列車特集的版面。

甚至還有記者哭著跟我們道歉，我們也忍不住熱淚盈眶。

★發生事故反倒獲得好名聲

隨著我們主動公布這則事故，首都圈的媒體反而大力報導七星列車。

這對我們來說真的很意外。根據這些媒體朋友的說法，他們得知本公司宣傳部門的公告後都很驚訝，想不到JR九州寧可背負風險，做下這麼了不起的決定。

這也應驗了禍福相倚這句話。

後來，這次事故反倒幫助主流媒體深入了解七星列車。

我們大膽採取前所未見的應對手法，誠實面對問題的態度也獲得大眾的讚賞。

誠實，正直，絕不包庇。

事後才知道，媒體記者在探討事故之餘，也深入了解我們想做的七星列車是什麼樣的挑戰。他們都認為七星列車有辦法領先全球。

如果那時候我們選擇隱瞞，結果東窗事發的話，人家就不會給我們那麼高的評價了。
七星列車的營運也不會像現在一樣順遂。
近年來我們從很多事例可以發現，企業或組織隱瞞事實真相，受到的批判比單純犯錯還要嚴重許多。
一時的猶豫，會大幅影響未來的命運。
反之，有些事故發生，反而是在教導我們如何逢凶化吉。
這起事故，是我身為領導者的一次難得體驗。

09／你快樂於是我快樂

「君子坦蕩蕩，小人長戚戚。」

我想跟大家介紹《論語》的這段話。過去帶領餐飲事業追求盈餘，以成立新公司為目標而努力工作的時候，這段話是我的座右銘之一。

意思是，君子一向悠閒自適，小人則汲汲營營、精於算計。

我走在路上，看到開心的路人，就會對他們很有好感。尤其看到表情開朗的年輕人，是件很暢快的事。

我們都是社會風景的一部分，也是構成世界的一分子。我一直叮嚀自己，走在外面的時候要保持愉快的神情。

★尊重對手的崇高態度

我年輕時曾到丸井百貨工作，跟那邊的人學到很多；後來經營餐飲事業，也受到很多餐飲專家的影響。這些人幾乎都是君子坦蕩蕩的最佳典範。

比方說，餐飲專家去其他店鋪視察敵情時，不管對方服務好壞，他們在吃飽結帳時一定會笑著說謝謝。店員也會面露笑容，整間店的氣氛頓時開朗不少。

在我眼中，這是相當高尚的景象。

彼此雖然是競爭對手，但畢竟是在同一個產業奮鬥的同志，那些專家以笑容和感謝，帶給對方希望和喜悅。

丸井百貨的職員在視察其他百貨公司之際，一定會先在一樓入口脫掉大衣，鞠躬行禮後才進入。臨走前，也會在一樓鞠躬行禮，接著面帶笑容離開。

雖然是競爭對手，但對同一產業的同志要心懷敬意。

其實我們應該思考，自己在社會上扮演著什麼樣的角色。

這是許多企業提倡的理念，每個人都要從日常生活的態度做起。

JR九州的員工，必須對社會有貢獻。我們必須常保開朗、明快，帶給在地居民蓬勃朝氣。

販賣大量車票不是我們的工作，那叫單純的作業。增加我們的支持者，才叫工作。

我總是如此告誡員工。

★關心弱勢

不管走在路上，還是到別人的公司，甚至在競爭對手面前，都要保持開朗、有禮。這種人回到自己的公司，一定也是散播歡笑和活力的生力軍。

丸井百貨的副社長酒井米明，號稱丸井的大掌櫃，他正是值得眾人效法的最佳典範。

我在丸井上班時，適逢酒井擔任人事部長。許多年輕員工和打工人員，都會去找他商量事情。

對經營層來說，他是值得依靠的存在。很多高級幹部和部長，有事都會找他幫忙。

有一次，某個年輕的打工人員跟酒井討論事情，一位幹部打斷二人的談話，直接表明來意。不料酒井竟然請那位長官稍待片刻，繼續傾聽打工人員的問題。

還有一件事情令我印象很深，每次酒井前往店鋪時，一定會先跟兼職人員打招呼。

那是一種平等待人的決心，當然他沒有明講，但對任何人、甚至是地位不如自己的人，也不會大小眼。

★面對壞消息更應該和顏悅色

這位精神導師教會我平等待人的道理。因此，我不管是面對社會新鮮人，還是財政界的巨擘，亦或滿臉橫肉的大叔，我都會保持對待一個人該有的敬意。

我對次長以上的各幹部，還有團隊領袖也一再重申這樣的觀念。

替我們工作的部屬，是每個家庭託付給我們的寶貝。

每個人都有他們的家庭、過去、未來。

假設在工作上不得不責罵，也千萬不能說跟工作無關的事情。

身為一個領導者，立於眾人之上，更應該溫和待人。

不要整天汲汲營營、工於算計。

所以，我一直叮嚀自己，遇到壞消息更要保持和顏悅色。

10 打破常識的好處

「雞蛋不能洗。」這是號稱「雞蛋博士」的貴人告訴我的話。

他是在富山縣開設健康食品公司的伊勢豐彥社長，多虧有他的指導，JR九州推出了全國知名的雞蛋商品。

我們農業部門經營的養雞場，位在福岡的內野宿地區。那裡產出的雞蛋，又稱為「內野蛋」，真是好名字。

媒體介紹這項商品的時候，還敘述極品雞蛋拌飯有多美味。也多虧伊勢社長傳授與眾不同的知識與構想，才有這項商品誕生。

打從一開始，我就被伊勢社長吸引。

很多漫畫或插畫，在描繪小雞孵化的場景時，都是從比較尖的那一面破殼而出。雞蛋博士說，這簡直是亂畫一通。

身為雞蛋博士的伊勢，顛覆了一般人對雞蛋的認知。

一、雞蛋圓的那一面有無數氣泡，小雞便是從那裡獲得氧氣發育。因此，小雞是從比較圓的那一邊破殼而出。換言之，尖的那面不是上面，圓的那面才是。

二、母雞生蛋是要留下後代，小雞的身體由蛋白構成，蛋黃則是小雞孵化前後的營養來源，蛋殼會提供小雞骨骼發育所需的鈣質。具備完善的營養化育生命的雞蛋，才是好吃又健康的雞蛋。

三、有些養雞場會在母雞的飼料中添加特殊成分，好讓雞蛋產生賣相較好的特徵，但這種做法只會導致營養不良，損害母雞的健康。也有養雞場以衛生為由，在母雞的飼料中添加抗生素或抗菌劑，吃下這種飼料的雞隻骨骼脆弱，身體也不健康。不健康的母雞只會生下不健康的雞蛋，敲開來看蛋黃都水水的。伊勢社長的養雞場，會評估雞隻原本的飲食條件，提供營養完善的飼料。

四、把一大群雞放到戶外，乍看之下是很好的飼養方式，事實上這種做法只會喚醒雞隻的野性本能，害牠們互相打架增加壓力而已。而且，放養也很難防治寄生蟲或疾病。

反之，過於擁擠的機械化管理也不好，伊勢社長使用的飼育系統，是同進同出的籠中飼育法。每個雞舍會放入一定數量的小雞，每隻大約一百二十天大，十五個月後再一起放出來。空的雞舍會用水徹底洗淨，並施以消毒措施，保持一個月的空曠。在這種環境飼養的母雞，生下來的雞蛋十分健康，敲開的蛋黃也是濃稠又立體。

五、健康的雞蛋不用洗，不洗才能保持鮮度。

絕大多數的養雞場，在出貨前都會安排洗淨作業。健康母雞產下的雞蛋，表面會有一種叫角皮的蛋白質，可以阻擋微生物或黴菌，但不妨礙空氣流通。伊勢社長家的養雞場，每天會送出十幾萬顆蛋，他們家的健康蛋從一九七七年開始出貨，從來沒有沙門氏菌感染的問題。

可見，一般的常識不可盡信。

我們的內野宿養雞場，嚴格遵守伊勢社長的養雞之道，那些天天產下健康內野蛋的母雞，也用身教的方式指點我們這個道理。

★創出熱門商品的下一個目標

歸根究柢，JR九州發展農業，本身就是違背世間常理的挑戰。我們勇於打破常識，創造特定的熱門商品，以及良好的品牌。

儘管我們打造出熱門商品，但農產事業本身並沒有達成盈餘目標。

從整個集團二〇一七年度的報表來看，只有農業經營不善。
我們還得再打破幾個常識才行。
前面也說過，只有夢想才能打破困境。

11 看不到的地方也要保持乾淨

我去丸井百貨研修了四個月，發現他們每天早上都會要求員工打掃五分鐘。每天五分鐘，等於每年打掃二十個小時以上。

負責設計七星列車的水戶岡銳治，他的設計事務所每天早上八點半開始，所有人都要花一個小時打掃。

根據他的說法，打掃可以培養員工愛惜物品的美德，也能學習建材的相關知識。因此他的設計事務所，每天都比高級旅館還乾淨、整潔。

★清潔是最高貴的服務

我也時常提到清潔、打掃這類關鍵字。經營七星列車我也有一貫的哲學，那就是**「清潔是最重要的服務」**。

古色古香的車身已經使用五年了，現在還是打磨得十分光亮。內部裝潢的天然素材，在時間催化和細心打理之下，蘊釀出一種難以言喻的美感。

七星列車一向保持端整、嶄新的氣息，我們用人力保持這種典雅的品質。

設計師水戶岡去西班牙視察在地的觀光列車時，發現了不少缺點，例如車內的空間太過狹窄等。不過，西班牙的列車職員機敏、勤勞的舉動，令他印象十分深刻。

每天早上那些職員都會努力打掃列車，雖然打掃的人數不多，列車仍打理得很乾淨。水戶岡也是推崇打掃原則的人，他深切感受到清潔對鐵路服務有多重要。

清潔是最重要的服務，越奢華的東西越該如此。

★連車頂都很乾淨的七星列車

七星列車的組員在出發前會做好各種安排，提升搭乘的舒適度。發車之後，他們也會利用夜晚的閒暇時間打掃。在不必待客的時段，他們會去了解列車環境，實際體驗服務的品質，確認服務是否維持一定水準，把顧客的舒適度擺在第一位。

其實，清掃並沒有一定的準則，只有看得到的地方掃乾淨、看不見的地方也保持整潔的差別。

列車回到車廠後，就輪到保養班發揮了。清潔專家也遵循古法，細心打掃列車。七星列車的貴賓廳和最後一節車廂，都有一整片大玻璃窗。整台列車的玻璃窗和這兩片大玻璃窗，統統都是用人力擦拭打理的。

另外，列車外的車頂，也是員工拿拖把一節一節拖乾淨的。很多列車的車體看上去很乾淨，車頂卻完全沒有打掃，因為車頂一般人根本看不到。所以大家都很訝異，我們連看不見的地方都打掃得很乾淨。

像保養或試車這類技術性的活動，主要都是在停止營運的禮拜一進行。如果在運行過程中發生設備故障，也會有專門的職員趕去現場處理。

例如客車的空調故障，馬上會有職員穿上七星列車專用的白色制服，前往客車處理問題。維修跟清掃的道理一樣，同樣講究看得到的地方要掃乾淨、看不見的地方也要保持整潔。

七星列車相關的從業人員，都把七星列車視為重要場所。因此，他們總是細心留意列車的乾淨，並極力要求自己保持整潔，以免帶給客人不快的感受。

這種心態跟一切生產行為、區域振興、人格培育都有關聯。

不妨試試每天稍微打掃一下周遭的環境。

★在眾目睽睽下培養光鮮亮麗的氣質

長久以來，產業界一直強調「可視化」這個觀念。

所謂的可視化，意思是用簡單、明確的方式表達工作內容，以提升第一線員工解決問題的能力。

好比，把不易測量的要素數值化，用圖表或線圖呈現；組織內部共享各種資訊，讓員工更容易發現問題所在。

這是一種很了不起的概念，不過JR九州的工作，是仰賴員工和眾多旅客的溝通才得以完成的。

所以，我們一直在思考曝露於旁人目光下會有什麼樣的效果。

據說，女星和模特兒就是曝露在眾人的目光下，才能常保美麗的身段。

這話說得很有道理，她們知道旁人隨時都在注視自己，因此表情、身段、走路姿勢、說話方式、細微動作都受過訓練。

也就是保持緊張感，不允許一絲懈怠。

當我們在進行大分車站的高架化，以及車站大樓的翻新工作時，決定把站長室改成玻璃圍幕。車站高架化以後，新設的站長室就在通往月台的大廳，大批旅客都會通過站長室前方。

站長室和大廳之間，只隔了一道透明的玻璃，這是跟一般車站不同之處。換言之，在大廳可以看到站長室內的動靜，站長等於在眾目睽睽下辦公。值班人員跟站長匯報，或是站長跟站務員開會的樣子，統統都會被旅客看得一清二楚。

有些女高中生會停下腳步，用一種看動物園黑猩猩的眼神，觀察站長室的內部。也有上班族經過時，看到站長工作的模樣露出會心一笑，甚至還有歐巴桑敲打玻璃窗。

當時的站長最了不起的地方是，玻璃窗內明明有設置窗簾，但站長從來沒用過，永遠保持在眾目睽睽之下。

不久，該站長的行事作風有了很大的轉變。例如所有站長在總公司開會時，那位站長的聲音和表情，跟其他站長相比便有明顯的不同。可能是隨時保持緊張的關係吧，感覺對我這位上司也變得有點沒大沒小了……

且不說玩笑話，總之同樣的效果，在其他車站也看得到。

過去長崎的佐世保車站，就算售票櫃台大排長龍，站務員往往也不會注意到。而且那些站務員的身段和態度，似乎也缺乏緊張感。

於是，我們撤掉售票櫃台和車站事務所之間的櫃子和簾幕，使這兩個空間沒有任何隔閡。這次不是隔著玻璃，而是空無一物。

我們參考過去的例子，把職員和職場攤在眾人面前。

常有人問我，該如何讓組織聚「氣」？依我過去任職鐵路公司的經驗，在眾人環視的環境下工作非常有效。

這個方法用在其他業界或公司上，也有不錯的效果吧？

12／主管的高薪要拿來換新鞋

主管的加給是幹什麼用的呢？

過去鐵路公司還是國營時代時，我曾經在大分車站發表談話。

那時我擔任人事課長，公司替我安排了一場演講。我思前想後，決定談論跟加給有關的話題。

「各位，你們的主管加給都拿來幹嘛呢？」

有位主管回答：「當然是補貼生活費，還有子女的教育基金啊。」

「不對！那是其他職員的用錢方法。」

「那麼，要拿去請部屬喝酒？」

「也不對！主管的加給是拿來買新鞋用的。」

聽我這麼說，站長們低頭俯視自己的鞋子，開始思考這句話的意思。

我不是要他們買好一點的鞋子。

重點是，當主管的必須時常替換鞋子。

★主管應該熟悉公司與在地環境

有一天，我問某位站長車站附近有沒有好吃的餐廳？這一帶有沒有推薦的觀光景點？鎮上的重要人物有哪幾位？

結果，站長支吾其詞，完全答不出來。

「帶給在地居民活力」是本公司的一大理念。

那位站長非但沒有做到這一點，甚至連鎮上的大小事也完全不了解。車站是鎮上的主要基礎設施，而他本人更是這個設施的主管，但他連車站周邊都沒有好好逛過，更遑論整個城鎮。

我也問過其他站長，該區的市長是誰？沒想到有人連市長都不知道，我還以為他在跟我開玩笑。

因此，我很難得動怒地責備他們。

這種態度，如何帶給在地居民活力？

一個站長連區域溝通都沒做好，真是差勁透了。

我氣的是，他們連基本的事情都做不好。

想帶給在地居民活力，首先要了解當地環境，以及地方上的人物，這是很理所當然的事情。

一開始不被居民接納也沒關係，鼓起勇氣多接觸幾次就行了。

接觸久了，自然有辦法心意相通，建立起良性的交流。

我們是帶給在地居民活力的組織，而站長是組織的主管。主管應該身先士卒，做好溝通交流才對。

所以，站長的管理加給是買新鞋的錢。換言之，這筆錢是要讓主管四處走訪，宣傳公司和站長本人的名聲，讓他們多多接觸城鎮。

再者，車站是鎮上的重要據點，站長則是該據點的守護者。

一個小小的車站，真要仔細檢查的話，其實範圍並不小。

舉凡站內環境、線路狀況、看板、海報都要細心檢查。然後，還要前往鎮上收集對客人有用的資訊，拜訪相關的人士和重要人物。以上幾點都做到的站長，每天少說也要走上好幾公里的路。

每天走這麼多路，通常一、兩個月鞋子就壞得差不多了。

★心中有贅肉，身體很快就會發福

事實上，我們公司大部分的站長都在鞋子上花不少錢。他們每天在站內巡視，積極走訪城鎮各處，將這種做事方法當成公司的信條。

當你看到有人臉上掛著活力十足的笑容，體格剛健黝黑，腳上的舊鞋打理得光亮清潔，那一定就是JR九州的站長。

公司有不少站長，都是地方居民口中的話題人物。從商店街居民到鎮上的行政機關人士，都很重視我們的站長。

聽說，這些站長會主動參與地方上的集會或活動，偶爾還會幫忙割草、清水溝，甚至參加晨間早操活動等。而且，他們會跟當地居民討論各種話題，談完再回去工作。

我在帶領餐飲事業的時候，也跟其他經營者請益過經營方法。他們每天也會去走訪各家店鋪，拜會相關人士。

那些經常動腦和走動的主管，如果不細心打理鞋子的話，一定很快就會走到破破爛爛。這種人在處理餐飲工作的過程中，試吃再多東西也絕對不會發福。

反之，內心懈怠的人，馬上會表現在體態上，連帶替公司的報表添上多餘的債務和風險。

主管要多走路、多溝通、多學習，不然企業很快就會衰頹。

每次聽到加給這個字眼，我就會想起在大分車站的回憶，以及這句經營格言。

13 當個筆記魔人

我是個筆記魔人。

我也鼓勵員工當筆記魔人。

所以，我們的員工在跟各位乘客說話時，都會勤做筆記。

我會成為筆記魔人，主要是過去發生了一件案子。

談起公司以前的醜聞，實在是很羞恥的事情。公司民營化以前，我的最後一個任職地點在大分。那時我在大分擔任人事課長，公司爆發了一起犯罪事件。

某位鐵路職員盜賣老舊的鐵軌，賺取不法利益。

我身為人事課長，必須審問那位職員。

都用到「審問」這個字眼了，代表他的犯罪嫌疑十分明確。我原以為他會乖乖認罪，趕緊走完偵查的流程。

沒想到事與願違。

當我審問他罪行發生的日程，他竟然有條無紊地一一反駁我。

那個傢伙詳細舉出自己的不在場證明，他是個貨真價實的筆記魔人。

例如我問他幾月幾號在做什麼，他可以很具體地答出當天的業務內容。按照他的說法，他根本沒有時間盜賣公司資產。

他平日就有詳細記錄自身行動的習慣。

正因為他留下大量的筆記，記錄過去發生的事情，所以才有辦法用合乎邏輯的謊言反駁我。

到頭來，他的謊言還是被拆穿，他也承認了自己的罪行。不過事後回想起來，他真的是很難纏的高手。

筆記是高手慣用的武器。

很諷刺的，一個罪犯成了我最佳的負面教材，他讓我深刻了解到筆記的功效。

在這件事發生之前，我多少也知道寫筆記的效果。

我剛進公司兩、三年的時候，曾經在國營鐵路的指揮室任職。前輩教導我，要把自己下達的指令和答覆內容記錄下來。

在列車班次混亂的時候，指揮調度的工作，跟車站或列車駕駛之間會有頻繁的聯繫。如果沒有詳細記錄這些聯繫內容，萬一發生事故，雙方就會各執一詞。

誰對誰錯公司也沒辦法舉證，搞不好沒犯錯的人還會倒楣背上黑鍋。

筆記便是事故發生時的證據和武器。

★筆記講究簡潔有力

多虧有這些經驗，我成為一個很勤勉的筆記魔人。

在參加各項會議的時候，我會在自己的小手冊上，用簡潔的方式依序記下我聽到的關鍵字或專有名詞。

如果有必要，我會在結束後把筆記畫成圖表。

假如有人打電話到辦公室談論公事，我也一定會記錄下來。為了避免忘記約定，我連自己說過的話都會寫下來。寫的時候，也同樣是用一、兩個簡潔的單字記錄。

當我遇到很感興趣、很重要的人，或是未來有可能長期交往的對象，我都會在他們給的名片上做記錄。

★趁年輕養成寫筆記的習慣

如果不提醒年輕人，他們都懶得做筆記。

他們很信任自己的記憶力，也多次靠著記憶力解決問題，因此不太喜歡動手記錄。

可是，跟他們談話時發現，他們很容易忘記重要的事情。

這時候，我就會強烈建議他們寫筆記，以免同樣的問題一再發生。

最好趁年輕時養成記錄的習慣，你要找到最簡單、實用，最容易喚醒記憶的筆記方法。

我從以前到現在，都是用一、兩個簡潔的單字記錄事情。

現在回去翻二十年前的手冊，都能很明確地回憶起當年的往事。例如在那個當下，我跟別人談了哪些事，對方的表情又是如何等。還有當時流行的東西、城鎮的景色……

感覺就像那些珍貴的回憶，在我眼前播放一樣。

好在我年輕時就寫了一大堆筆記，到了這把年紀和職位，才有東西拿出來給大家看。

第4章

工作的本質是傳達

01／成為傳達高手的五大要點

有一次公司發生事故，大約過了一個月左右。

「之前的事故對策，已經頒布給所有第一線的員工了嗎？」

事故發生後，我直接下達指令給某位部長。事後我問部長傳遞工作做得如何，他信誓旦旦地回答我。

「已經頒布了。關於事故的對策，我做成三頁的詳細報告，傳送給所有第一線的員工。」

「真的所有第一線員工都知道了嗎？」

「是，所有人都知道了。」

結果，事故對策並沒有傳達給所有人。

後來我親自到第一線巡視，跟當地的主管進行確認才知道，主管們幾乎不了解應對措施。也就是說，傳達訊息不是件容易的事。

傳達者認為自己已經傳達，但接到訊息的人若沒有正確的認識，就不算成功。我常講一句話：「**傳達一件事情要讓對方確實了解，不然就稱不上是傳達。**」

★利用新奇的原創字句傳達

主管在對部屬傳達事情的時候，該留意哪些要點呢？

我個人特別留意以下五點。

一、用自己的話表達。

身為企業領導者，必須對員工傳達各項指示。

優秀的創業者在發表訓示或鼓舞員工時，一定會用自己的話來說明。

領導者用自己的話表達想法，才能真正打動人心。

當組織達到一定的規模，社長室或經營企畫部門會自做聰明，代替社長發表訊息。但這樣做根本打動不了員工的心。

領導者有他們獨特的夢想和危機意識，這些觀念上的東西，除了自己以外沒有人能完全理解。

二、**用直指人心的字句和說法表達。**

那麼，該如何打動人心呢？

該如何讓底下員工，按照自己的想法行動呢？

關鍵在於使用直指人心的字句，搭配動人的說話方式。

不過，這一點不容易辦到。

沒有人一生下來就是傳達高手。然而，要當上高手是有方法的。

那就是設身處地，替那些接收訊息的人著想。你要站在他們的角度，思考什麼樣的語言和說話方式，可以打動他們的心。久而久之，就能掌握訣竅了。

歸納重點，反覆提醒，近距離對談。

三、**歸納訊息。**

在下一個段落，我會詳細談到歸納的問題。重點是，當你在傳達某件事情時，不要傳達無關的訊息。

對於接收訊息的人來說，一次獲得大量的資訊也無法完全吸收。

傳達訊息的一方，要歸納出最重要的傳達事項。

多餘的資訊會排擠真正重要的訊息。

四、反覆提醒。

領導者要不斷重申重要事項，例如夢想、經營方針、關鍵戰略等。

組織裡充斥著各式各樣的資訊。由於資訊量太龐雜，領導者的訊息可能會被其他資訊淹沒。

而且，員工會揣測領導者到底是不是認真的。

領導者在談論營運方針的時候，其實不需要重申多次，員工就能明白想法了。

可是，員工也只是聽明白而已，他們不見得會按照指示行動。

領導者必須不斷重申，底下員工才會了解上頭是認真的，並且付諸行動。

員工會不會採取實際行動，端看領導者認真程度的高低。

五、在兩公尺內對話。

很多公司會把所有主管找來參加大型會議，由社長開示經營方針和重要戰略。

這種做法能把訊息一次傳遞出去，算是非常有效的方法。

不過，要讓那些主管進一步了解內容，同樣需要更進一步的傳達方法。

首要之務是巡視第一線，直接跟員工溝通交流，最好在兩公尺內面對面交談。

與其召開三次大型會議，不如花點時間做一次近距離溝通，這樣底下的員工才能深入了解領導者的想法。

02 資訊濃縮在三項以內

一次傳達好幾項訊息，是非常困難的事情。

據說，聖德太子可以同時跟七人交談，對他們各別提出的疑問，提供正確的意見和答覆。

現代的家庭主婦，頂多只能想出冰箱裡有哪七種食物。

我舉上述這兩個例子，並不是說人類有辦法一次處理七項資訊。

我的意思是，連擁有賢者稱號的聖人，一次也只能聆聽七個人說話。

而勞苦功高的家庭主婦，每天查看冰箱的食材，思考該煮什麼飯菜，她們也只想得起冰箱裡的七樣東西。

由此可知，我們這些凡人能理解的資訊量，遠遠不及七項。

因此，當我們成為資訊的傳遞者時，要盡量精簡數量才行。

★多餘的資訊就跟車站的告示板一樣

俗話說，劣幣逐良幣。

訊息的傳遞，跟劣幣逐良幣的法則有共通之處。

重要的資訊往往難以擴散傳遞，反而是無關緊要的八卦訊息，傳得到處都是。

公司也經常發生類似的狀況，枯燥卻重要的資訊遲遲無法傳遞出去。相對的，不實傳聞一下子就甚囂塵上。

首先，傳遞訊息的時候，請盡量精簡數量，以重要的訊息為主。

公司內部的資訊傳遞方法，有對話、開會、信件、印刷品、電子郵件、網路社群服務、企業網路等。我們鐵路公司，還會活用一種叫「告示板」的內部聯絡方式。

這種極為古典的訊息傳遞工具，展現出資訊的本質。

我們的告示板會設在好幾個地方。

比方說，前往車站或運輸部門這類的現場巡視，你會看到告示板上貼滿總公司送來的文件，例如駕駛或安全相關的訊息等。

那麼第一線的職員，是否真能理解這麼大量的訊息呢？

★傳遞訊息不該假手他人

事實上，告示板中有每個人必須知道的重要訊息，也有重要度不高的。資訊種類一多，重要訊息就會被淹沒在龐雜的資訊當中。

負責張貼告示的人，也就是站長和運輸部門主管，只知道要把總公司發布的每一項訊息都告訴員工。

如果說，傳達的定義是讓接收的一方有某種程度的理解，那麼他們只是在提供資訊，而不是傳達。

換句話說，他們只負責提供總公司給的資訊，部屬是否理解、是否會付諸行動，全看對方的企圖心和責任感。

所以，他們每天不斷在告示板上張貼各種訊息，也不管重要或緊急與否。

他們在張貼時天真的以為員工會主動確認上面的訊息，用心理解當中的內容，並且付出實際的行動。

★濃縮成三大要點

一個普通人能處理的訊息量是很有限的，重要的訊息會被不重要的淹沒。

我在擔任社長時，曾對第一線的主管明言：

「**把重要訊息歸納成三項**，再貼到告示板上。」

之後，大家才開始留意總公司發出的資訊。關於這一點想必還有改善的空間。

劣幣逐良幣的法則，也適用在資訊傳遞上。

大量無關緊要的資訊，會排擠少數重要的資訊。

03／手寫的魅力

如今數位化的文字蔓延，手寫書信反而特別受矚目。

每次跟野村證券的幹部碰面後，他們都會在幾天內寫親筆信給我。還不是普通的書信，而是跟古代武士的毛筆書信一樣。

那種信的存在感和魄力，實在令人動容。

聽說，他們公司的新進職員參與研修時，第一件工作就是去外面搜集三十張名片，然後寫信給那三十個人。

公司會先訓練他們用毛筆寫信的技巧。

野村證券的職員業務能力高超，跟他們精通毛筆信大有關係。

★手寫刊物受歡迎的原因

反觀我們JR九州。

雖然沒有毛筆書信，但也有引以為傲的手寫文化。

那就是《鐵聞》，鐵路相關訊息的刊物。

這是JR九州東京分部，每個月發行的資訊刊物。

自創刊以來廣受好評，在全國各地的免費刊物商店，每次發行都供不應求。

鐵路迷在日本被稱為「鐵質較多」的人，《鐵聞》不只受到鐵路迷喜愛，連我這種鐵質較少的人也很喜歡。

這份刊物的起源是這樣的。過去在國土交通省處理國會事務的人才，曾到我們東京分部擔任分部社長。

分部社長以前任職於公家機關，職業背景看起來似乎僵化、死板，但他很順利地融入公司尊重歧異的風氣，而且積極提出各式各樣的方案。

分部的年輕員工在他的帶領下，也培養出一種積極進取的態度。其中有兩位女性職員，決定製作資訊刊物《鐵聞》。

★充滿溫情的手寫字足以感動人心

這兩位女性職員，堅持用手寫的方式製作《鐵聞》。

現今使用電腦就可以輕易做出活字印刷品，但她們決定挑戰手寫。

在這個活字訊息充斥的時代，手寫刊物反而能吸引注意，讓大家關心公司的訊息。

於是，刊物上的文章和插畫，全用彩色鉛筆和簽字筆撰寫、繪製。她們用一種恬淡的線條和色彩來描繪充滿特殊風格和故事性的列車，和設計師水戶岡銳治描繪的風格完全不一樣。

此外，她們還用充滿溫情的繪畫，介紹鐵路沿線上的名產和街道，再佐以簡單易懂的文字說明。

是的，這兩位女職員講究的是慢工細活。

講究慢工細活的服務，客人一定感覺得出來，這就是服務的價值所在。

別看只是一小張免費刊物，裡頭道盡了公司的風範。

充滿溫情的筆觸呈現出我們誠實的企業形象。堅持手寫的慢工細活，讓宣傳廣告手法更上一層樓。

從員工到旅客，每個人看了都充滿活力。她們確實達成公司的宗旨，帶給在地居民蓬勃的朝氣。

當然，我們也不認為所有訊息都該改用手寫。

只是《鐵聞》的手寫技巧，在那個時間點正好符合公司追求的形象。

二〇一一年夏季創刊的《鐵聞》逐漸引起話題，連《日本經濟新聞》等大媒體都爭相報導。二〇一三年十二月，日本免費刊物振興協會舉辦「二〇一三免費刊物大獎」，我們的刊物榮獲讀者投票第一名。

《鐵聞》成功吸引各家媒體關注，東京分部也持續努力發行。

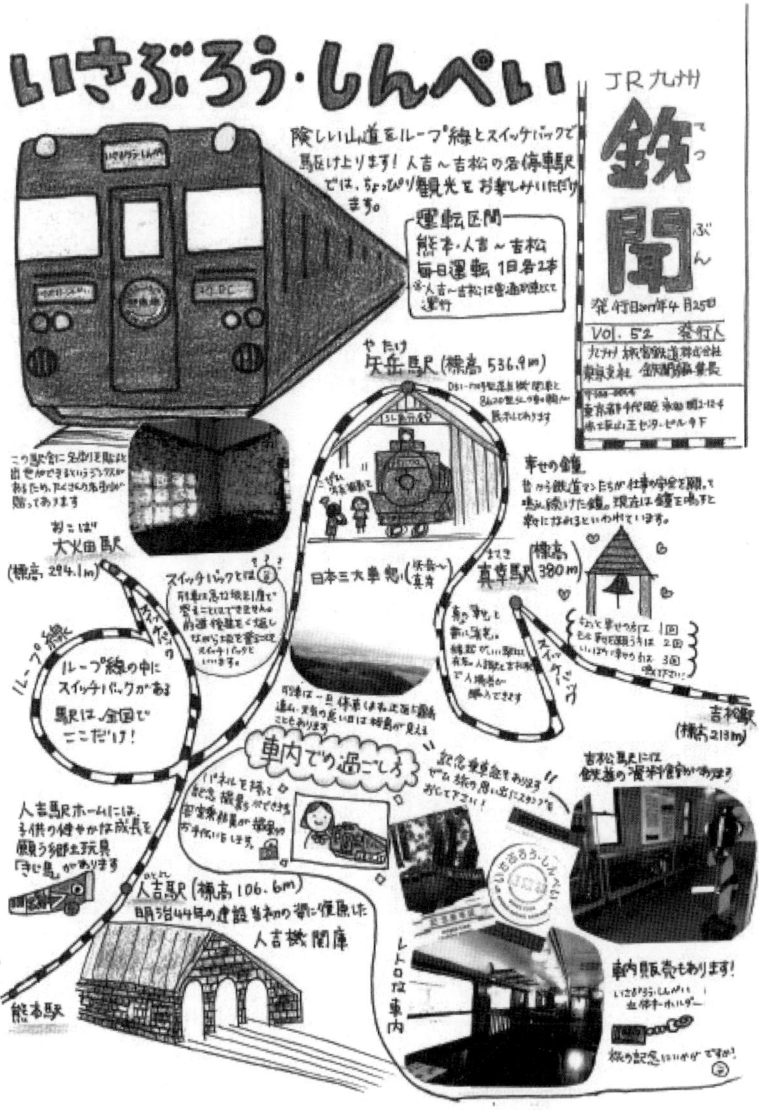

JR九州東京分部所發行充滿溫度的《鐵聞》

04 重要訊息的有效傳達

二〇〇六年，我兼任常務董事綜合企畫本部的副本部長，以及經營企畫部部長。當時我決定改變公司內部的文書制定方式。

過去的文件字體都是用明體，現在統統改為黑體。

光看前面就知道，我的職位頭銜又多又長。而鐵路公司的文件，又夾雜一堆鐵路專用術語，頭銜、專有名詞，名稱、時間、金額都會混在一起，資訊量相當龐雜。

重要的事情往往無法有效傳達。

所以，我決定採用比較醒目的字體。

明體適合用在留存文件上，但用在追求速度感的通知書和簡報上，這種字體看起來不夠剛勁。

因此，日常文件統統改為黑體。

經營者必須用有效率又容易吸收的方式，對員工傳達重要的訊息。不過，要辦到這一點並不容易。

我從年輕的時候，就主動製作各種社內刊物或文件，因此很清楚兩件事。

一、重要的文件更應該簡單扼要。

二、然而，人們看完以後還是很容易忘記。

我現在也一直苦口婆心地宣導這兩點。

文件的長度，基本上侷限在一張Ａ４就好。

一般人談起重要的事情，都會不小心講得又臭又長，這樣只會有反效果。

想要表達的事情，應該盡量精簡。

★一句話闡明一切

過去九州新幹線連一個影子都還看不到時，公司在二〇〇三年的簡報上提起了九州新幹線的構想。

取名為「燕號」的新幹線，由水戶岡銳治負責設計。

九州好不容易要有新幹線了，大家都全力以赴。

一般人遇到這種簡報機會，都會使用大量的圖片表格和各式資料。

可是，水戶岡不一樣。

他的投影片上只寫了四個字，「移動旅館」。

水戶岡就用這個關鍵字，談起他的列車構想。

與會者都感到很意外，但他闡述的構想，也確實烙印在大家的心中。

「燕號」不是像七星列車那樣的豪華軟臥列車。

九州新幹線跟東海道、山陽新幹線也不一樣，必須使用一些特殊的方法才能吸引旅客來搭乘。

因此，我們首先思考的是，搭乘九州新幹線的樂趣是什麼？

水戶岡以一行斗大的黑體文字，表達了這樣的概念。

仔細想想，那幾個文字簡潔美觀，配置也相當得宜，看上去清楚又醒目，就某種意義來說也是經過設計的。

水戶岡一再重申，整理和整頓是設計的大前提，我也深有同感。

就算文件上全都是字，也有辦法設計成簡單易懂的風格。

請各位從今天開始，試著做出簡潔扼要的文件吧。
當然，字體記得用黑體。

05 在兩公尺內對話就能解決一切問題

現在這個時代，大家談事情都習慣寫電子郵件。

最近，即便是同職場的同事也用郵件溝通。

不過，我一向強調見面詳談。

日本有位政治家，被喻為「兩公尺以內的男人」（編按：為日本前總理大臣麻生太郎）。這個人曾經被媒體大肆批判。

他在電視上總是擺著一張臭臉，講話聲音沙啞不說，態度又不是很好。而且有些發言並不得體，看起來就像一個嘴賤、玩笑開過頭的大叔。

實際跟他見面以後，我才發現完全不是這麼一回事。

他的個性很溫和，講話也機智、幽默。大家跟他碰面，一下子就被他的魅力折服。

我多年來很信任的一位財經界好友，也是那位政治家長久以來的支持者，他總是笑盈盈地告訴我那位政治家的最新消息。

人啊，還是要實際見面再來下定論。

遇到困難時不要逃避問題，也不要虛應故事，要像一艘迎風破浪的大船，好好面對問題才不會翻船，用這種方法絕對能打破困境，這是我長年來的信條。更進一步解釋就是，遇到困難時堂堂正正去接近對方就得了。

如果你遇到的麻煩與人有關，請走到對方面前，跟他促膝長談，大多數的問題都有辦法解決。

★近距離接觸的教訓

許多企業講究「清理、整頓、清掃、清潔」這四大要點，我在公司內部提出服務改革的時候，還多加了一項「待客之道」，要求員工徹底執行這五大要點。

待客之道這個項目中，我設計了詳細的要求，例如遣辭用句、身段、姿勢、表情等。我把這些要求頒布下去，以下舉幾個例子給大家看看。

秉持誠懇的態度，尋求對方的指教。

好好聽完對方的請求，給予適當的回應，並且複誦一次對方的要求。

在請求或表示拒絕的時候，記得使用柔性的詞彙。
保持乾淨、整潔的身段，帶給所有人好印象。
抬頭挺胸，保持姿態端整。
雙手不要環胸，也不要背在身後，應該自然擺在身側或身前。
交談開始和結束時，要有眼神接觸。

當有客人造訪我們的車站或設施時，員工必須遵守這些應對進退的方法。現在想想，這都是我從近距離溝通中學到的啟示。

拉近雙方的距離，你會有很多不一樣的領悟。

現代人寧可用電子郵件交待事情，也不肯見面或打電話溝通。不過，直接見面詳談，聆聽彼此的聲音才是最好的溝通方式。

電子郵件無法把你這個人呈現在對方面前。況且，也沒辦法傳達我很看重的「氣」。

與其使用電子郵件，不如見面詳談。

06 以父母心命名

命名是指用一句話表達事業概念的關鍵，也是左右事業成敗的溝通要素。

那麼，請各位思考看看。

全世界最會取名字的人是誰？

答案就是喜獲麟兒的父母。

父母在替小孩命名時，會絞盡腦汁去思考，比做任何事都用心。

例如從各種角度斟酌用字，想像著孩子的未來，希望孩子成為對社會有貢獻的存在，順便思考名字跟姓氏是否搭調、筆畫是否吉利等。

名字會彰顯一個人的人格。

這就形同在表達事業或商品的概念。父母替小孩命名的熱忱，連優秀的商品企畫人員也自嘆不如。

換句話說，膾炙人口的名稱，都是命名者秉持著父母心努力想出來的。

★簡稱的功效

以我個人來說，我取名字常會思考「簡稱」。這樣聽起來比較平易近人，而且大人、小孩唸起來也朗朗上口。

一九八九年，公司的列車「湯布院之森」開始營運。這款列車，稱得上是觀光列車的先驅。

過去由布院溫泉和湯平溫泉地區，跟市町村合併之後，整合為湯布院町。在思考這個特急列車的名稱時，自然不能遺忘這段歷史。

我思前想後，最後決定以「湯布院」命名，代表我對兩大溫泉地區的敬意，順便再加上一個「森」字，象徵市鎮打算成為高原度假勝地的決心。

活用簡稱功效的「湯布院之森」

有人批評我取的名字太長了。

可是我相信，客人都會用簡稱來稱呼有人氣的東西。

事實上，湯布院之森開始營運沒多久，大家就稱它「湯布森」了。

七星列車也是我幾經苦思，和設計師水戶岡銳治一起腦力激盪，好不容易才想出來的名字。

想出七星這個字眼以後，我也在煩惱該用「七星高級列車」，還是「七星列車」。

最後，我決定選用「七星列車」。

現在小朋友看到七星列車進站，就會開心大喊「是七星列車」。每次看到這景象，我就再次體認到使用簡稱是正確的。

★費心思考的過程很重要

要獲得命名的靈感，關鍵是不斷地苦思。

中坊公平過去是日本律師聯合會會長，也在回收機構一展長才，素有一絲不苟的美名。他在生前說過，靈感不是憑空掉下來的，而是持續苦思學習，才會像火山噴發一樣湧現出來。

持續苦思一件事，就好像岩漿在地底累積一樣。

每次決定好列車或新事業的名稱後，水戶岡銳治就會突然動起來，開始認真思考具體的設計方案。

據說，他常跟人說「設計只能用語言」。

換言之，沒有好的名字，就無法創造出優良的事業和商品。

我們在替新事業命名的時候，當然希望新事業成長茁壯，成為人見人愛的存在。這就好像父母期待孩子有幸福的未來一樣。

祈求一個大家都嚮往的心願，在經過漫長的思考和議論後，推敲出自己可以接受的好名字。

這種命名的過程，不管體驗幾次都很有意義。

07 見面三分情的真意

遇到問題時，到底該怎麼辦才好？

馬上去拜會當事人，絕對會有轉機。

過去我擔任餐飲事業部長，有一天接到客人的抱怨電話。客人說，博多車站的牛肉蓋飯專賣店服務態度不佳。

「你們的店員是怎麼教的？蓋飯裡有髒東西就算了，道歉也不會，連零錢都不會找！」

我尋問一旁的職員，才知道打電話來的客人，是那種滿臉橫肉的兄弟，員工幾乎都知道這個人。對方在博多車站附近開了一間黑道事務所。

光聽電話中的語氣，不難想像他非常生氣。

這下非去拜會不可了，可是我怕自己一個人，所以就找了一個剛好在場的課長，跟我一同過去。

我還跟留守的職員說，如果我們一個小時內沒回來，記得打電話報警——拜訪黑道事務所，就是這麼可怕的一件事。
我們一到事務所就先表明自己的身分，對方看到我們來也嚇了一跳。
接著，他還問候我們這幾個王八蛋是來幹嘛的。
幸好，也沒什麼刁難，直接請我們進去坐。
後來談了些什麼我也記不太清楚。只記得大家促膝長談，我一再跟對方道歉。
對方的怒火也漸漸消退了。
談話的氣氛越來越和緩，甚至開始慰勞我們的辛苦，終於像是人與人之間該有的對話方式。
我也利用這個機會，學會跟兄弟閒話家常。

★打電話或寫電子郵件反而造成反效果

碰巧，我看到事務所的書架上有中村天風的書籍。
中村是研究「氣」的知名思想家。當然，我也很喜歡中村的書，有他好幾本著作。我一提起這個話題，對方就說：「你也喜歡他的書喔！那這本書直接送你啦！」

我們是來道歉的，結果卻拿到禮物……

其實，這種事經常發生。

當我們親自拜會顧客，試圖緩和對方的怒氣時，往往會得到意外的感謝之意。

因此發生問題時，一定要立刻趕往現場，或是趕到對方的身邊。

這樣的行動，代表你很關心對方。

打電話或寫電子郵件，是最糟糕的做法。

想解決問題，又不肯直接去拜會，這種態度只會帶來反效果。

對方在氣頭上的時候，你必須主動去見一面，否則對方的怒火永遠不會消退。用避不見面的方式溝通，等於是在延續怒火。

★在兩公尺內交談，對方會不好意思生氣

實際上，人與人在兩公尺內交談，怒火會很難持續下去。

我們是鐵路公司，而且還是多角化經營的公司，在車站、餐廳、船舶售票地點、工地現場等地方，一定都會遇到生氣的客人。

開拓鐵路以外的新事業是我們的使命，不過在其他行業的人眼中，我們的員工根本就是門外漢，惹顧客生氣也是在所難免。

遇到客人生氣的情況，我會立刻拜會對方，哪怕兩手空空前往都沒關係。用這種憨直的應對方法，反而能學會如何跟生氣的客人當上好朋友。

順帶一提，之前那個滿臉橫肉的兄弟要送我書，我不好意思免費拿人家東西，他卻不肯收我錢。我們就這樣互相禮讓推辭，過程中還有說有笑。

再重申一次。

出事情馬上去拜會對方，絕對會有轉機。

08 疑人不用，用人不疑

優秀的人才得馬上提拔。

這是我身為經營者的基本態度，也是我的理念。

就算無法馬上升任為社長，也要讓他們擔任企畫或組織的領袖。

這樣一來，優秀的人才就會產生責任感。

「氣」也就應運而生了。

當優秀的人才了解自己的使命，就會主動描繪集團的願景。

我常跟人說，在開發新事業的時候要使用優秀的人。這也是把「繡花枕頭」培養成真正領袖的方法。

在陌生的事業處理前所未見的問題，才有辦法訓練一個人的能力。

我自己就有幾次類似的經歷。

剛進公司第二年，上司命令我去處理勞資糾紛，跟工會的人談判。上司對我這個菜鳥也沒什麼期待，只是派我去當出氣筒罷了。

那時候，我覺得沒有比這更困難的工作，現在想想倒也還好。

負責帶領沒有人做過的新事業，那種壓力跟擔任出氣筒其實差不了多少。

進入公司十年後，我的職位升到了次長和課長，成為企畫的實質領袖，很多重要的任務也都交辦給我。

擔任領導者的辛苦與不安，以及事後的喜悅和成就感，都是我的一大資產。

因為我有這分經歷，所以會對優秀人才委以重任。

「凡事要多多嘗試」，這句話道盡了經營者的價值所在。

這句話是三得利的創辦人鳥井信治郎的名言。他還說，要試過才知道結果好壞。

我試了，而且也學到很多啟示。

因此，我會提拔優秀的人，把重要工作交給他們。

那些員工都說，他們很感謝我提供的機會。

不過，肩負重任是很辛苦的事情，我相信他們內心也有不少辛酸、委屈。然而，也有員工對外表示，受到重用是上班族最大的幸福。

當我決定把事業交給部屬，真的是把整個事業的命運都交給他們，絕不誇張。

不只對部屬如此，我對外部人員也委以重任。

★開發七星列車也秉持同樣的理念

七星列車公開亮相的一個禮拜前，我都還沒看過完工的全貌。

我只是放寬心，等待完工的那一天到來。

列車的製程很緊湊，各零組件由各別的專家負責製作，就連負責設計的水戶岡銳治，也無法完全掌握工作進度。

那些專家處理完每天的工作之後，會替零組件蓋上防護布料再離開。所以，很多零組件的狀況只有專家和承包商知道，負責監督的設計師，也是到最後一刻才確認到不少零組件的狀況。

可是，我們並不感到慌張。

我信任水戶岡，水戶岡則信任那些專家。

儘管七星列車遲遲無法完工，但彼此之間的信賴關係已然成形。

疑人不用，用人不疑。

誠如各位所見，七星列車順利完工了。

成品的水準也不負我們的期待，很多地方甚至超出預期，讓我們又驚又喜。

設計師也很感謝我，願意把一切都交給他處理。

七星列車是我職業生涯的集大成之作。我的工作哲學，是把重要的工作交給優秀的人才，七星列車也算是這種哲學的具體呈現。

第 5 章

工作就是一連串的發現

01 與其信任大數據，不如相信自己

走在大街上，我經常感受到看板或海報釋放出一種強烈的能量。

仔細一看，上面往往印著人氣女星的笑臉，或是狗狗和貓咪的臉龐。

這讓我領悟一個道理。

當我們感覺到旁人或動物的視線，就會忍不住望向對方。

後來公司製作看板和海報，也會放上凝視鏡頭的藝人或動物的臉。這樣一來，客人感受到看板和海報的視線，就會對上面的內容產生興趣。

事實上，實體店鋪和網路的各種女性雜誌封面，也都是找當紅藝人或模特兒，請他們看著鏡頭拍的。

讀者去書店買書，就會感受到那些當紅藝人的視線。

★自我行銷戰略

當我在推行某項企畫的時候，會**以自己的喜好或理想來當雛型**。

我不仰賴大數據。

我習慣依靠自己，還有身邊值得信賴的人，跟他們一起挑戰大型企畫。

這種做法我稱之為「自我行銷戰略」。

過去我在帶領餐飲事業的時候，安排的菜色都是自己喜歡吃的東西。帶領鐵路事業的時候，我推出了各種充滿特殊風格和故事性的列車，但說句老實話，我並不是鐵路迷。嚴格來講，我不太喜歡鐵路。

不喜歡鐵路的人製造列車，也許鐵路迷聽了會不太高興。那麼，我是用什麼觀點製造列車的呢？簡單說，我想做自己會想搭乘，而且坐起來很愉快的列車。製作七星列車的整個流程，可以說是自我行銷戰略的完美體現。

我曾經搭乘新加坡通往曼谷的「亞洲東方快車」，視察全球首屈一指的豪華列車究竟坐起來是什麼感覺。

我在列車裡放空，從車窗眺望中南半島壯麗的風景。我認為這恬淡的一刻，是一種無法言喻的豐富時光。

列車服務員頻繁來敲我的房門，對此我也頗有感觸。

「空調溫度如何呢？」

「要喝杯咖啡嗎？」

「要享用甜點嗎？」

在世界首屈一指的豪華列車，服務員會跟客人頻繁交流。平時，我不希望私人時間被外人打擾，但這時發現自己其實滿開心的。

當我經歷類似的感動或體悟，獲得了某種啟發之後，就會找身旁的好友或職員一起討論，好好整理思維。

與其相信大數據，不如相信經驗淬鍊出來的思維，依靠值得信賴的少數意見。

★把自己喜歡的事情應用在商業之中

設計師水戸岡銳治，也同樣講究自我行銷戰略。

他從全世界觀察各種美麗的色彩，創造出更上一層樓的設計風格，所以他會用很嚴格的審美觀來看待城市和商品。

這種自我行銷戰略比我的更加嚴謹。水戶岡的眼力能夠識別兩千種顏色，他仰賴這種眼力和感性，跟我們一同創造出各式各樣的列車和設施。

我們的行銷戰略，追求的都是顧客的笑容。從這個角度來看，我跟水戶岡是站在同樣的立場。

一九五〇年代前期，戰後沒多久，曾經有一群日本的零售業者前往美國，視察當地的物流狀況。他們參訪的用意，是去學習美國的超市。

有二十多位成員參加這趟美國行，前往各地的超市參觀。有幾個經營者認為超市的經營方式非常了不起，可以運用在日本市場和自己的生意上。

可是除了少數幾個人以外，大部分的經營者都沒有什麼想法。他們覺得美國那一套無法用在日本，日本人做生意講究與客人面對面交流；在大型店鋪擺放一堆商品，讓客人自行挑選、採購，之後再統一到櫃台結帳，這種做法日本人無法接受。這是當時多數零售業者的想法。

到後來，大家也都知道，多數人接受了美式的作風。

至於那些被美式作風感動的經營者，後來有人成功打造出家喻戶曉的超市品牌。

自我行銷戰略的關鍵是，站在一般人的角度，維持感動和細心的心靈品質。優秀的經營者有個共通點，就是透過感動和細心，看透事物的本質。這種能力源於人的感動和細心，而不是一些冠冕堂皇的大道理。

當然，使用大數據設計市場行銷也沒有不好。我們在跟阿里巴巴集團合作時，就體認到這種做法的好處（請參照250頁）。

把自己喜歡或感到愉快的事情，應用在商業之中，這種行銷方式是絕對可行的。這才是本節要表達的重點。

02 細心分三種層級

人在什麼情況下會火冒三丈？
答案是，被忽略或受輕視的時候。
那麼，人在什麼情況下會笑顏逐開？
答案是，獲得別人的細心關切。
做我們這一行，提升細心關切客人的能力是掌握成功的關鍵。
而細心分三種層級。

一、**細心留意客人的「存在」**。

以餐飲事業為例，假設有客人在門口徘徊，思考是否要入內用餐消費，從業人員應該趕緊注意到客人，以洪亮的聲音和簡潔的字句，直接大喊歡迎光臨，讓客人知道我們已經注意到他了。

這時候的「歡迎光臨」，是讓客人知道我們已經發現，而且衷心歡迎他的重要手段。

一流的餐廳，店主一定會在店門口附近，時時注意客人。

餐飲事業的店主，該做的事跟一般的從業人員不一樣。店主應站在門口附近，時時刻刻注意客人的存在，用誠心的笑容和招呼接待才是最重要的。

二、**細心留意客人的「行動」**。

店主在門口附近迅速注意到客人的存在，並且用最棒的笑容和招呼迎接之後，接下來外場的員工就要盡可能留意客人的行動。

比方說炎炎夏日，客人一坐上位子就喝光杯裡的水，員工必須知道這是客人口乾舌燥的訊號，在點菜前主動倒上另一杯水。

經營旅館也是同樣的道理，從業員一看到客人抱著行李走進門口，就該知道是要來投宿的訊號。應該主動接近對方，帶領客人到櫃台辦理入住手續。

鐵路事業也講究細心。如果有老人家站在售票機前面，一副不知所措的樣子，站務員必須知道對方可能不清楚購票的方法。

訓練有素的站務員，會趕緊跑到老人家身旁，尋問他要去哪裡，順便細心說明買票的方法，或是協助購票。當然，自始至終都要保持微笑。

客人的行動，表達了他們需求的訊號。我們應該細心留意那些訊號，事先察覺客人到底需要什麼，然後主動接近。

三、**細心留意客人的「心思」**。

這就屬於高等技術了。

也就是運用想像力，揣摩客人當下需要什麼服務？提供什麼服務可以讓客人感到滿意？

這不是件容易的事情。

不過，有心通常都能找到答案。

換句話說，站在客人的角度來思考問題，你就會知道該做些什麼。

假設你現在是客人，什麼樣的服務會讓你感到高興？你要試著思考這個問題。

★五星級的體貼

國際的五星級飯店或豪華列車，這一點就做得非常到位。

比方說，客人入住旅館後，服務員會頻繁到客房尋問需求。

「客人，您要喝茶嗎？」
「客人，空調的溫度需要調整嗎？」
「客人，有什麼不方便的地方嗎？」
這一切關懷，都是了解客人心思的手段。
如果我們用更宏觀、更有系統的角度看待這件事，你會發現其實這就是行銷。
極致的細心，就是優秀的行銷。
努力提升細心的特質，才能成為一流的企業。

03 招攬客人的提示就在小孩身上

那些號稱鐵路迷的人，大概都很討厭我。

理由很簡單，我製造列車完全沒有考量到他們的喜好。

企業真正該掌握的客群，究竟是哪些人呢？

以我們公司來說，設定的目標客群是小孩子。

一九八八年，我們把阿蘇地區的風景比喻成西部牛仔片的場景，並選用西部風格的蒸汽列車配合主題，這就是「阿蘇男孩列車」的前身、「阿蘇 BOY」的由來。

當時，鐵路迷希望我們忠實重現國營時代的蒸汽列車。

我的想法不一樣。

採用蒸汽列車是要配合西部片的意象，我可不想重現國鐵時代的象徵，那個時代的服務品質太糟糕了。

「阿蘇 BOY」設定的客群是孩子，還有以小孩為重的家庭。

JR九州的觀光列車，多半是以小孩或女性乘客為主要客群。

過去，我也做過各種紀念套票賣給鐵路迷。

甚至還找來陶器名家，製作非常昂貴的特別套票。本來以為一定會大賣，沒想到結果竟是徹底失敗。

這些失敗的經驗，讓我了解到一個事實。

那就是九州境內的鐵路迷，充其量也才一千多人而已。

不管我用什麼手段，銷售額都只有這個程度，幾乎所有企畫都以赤字收場。

於是，我做了一個決定。

我們該掌握的客群，不是鐵路迷。而是住在九州各地的家庭。

從長遠的觀點來看，小孩才是我們未來主要的客群，我們應該做一些小孩喜歡的東西。

世代不斷交替，但任何時代都有小孩，也有看重孩子的家庭。

相對的，經歷過國營時代的鐵路迷則越來越少。

一開始，我和JR九州都沒有注意到這個理所當然的事實。

★七星列車拒絕十三歲以下乘客的理由

每次看到小朋友朝七星列車開心地揮手，我都會覺得當初設計「阿蘇BOY」的決定是正確的。

順帶一提，我們公司只有七星列車不搭載十三歲以下的小朋友。

小朋友在車內活蹦亂跳，難以提供七星級的服務。

這樣便很難維持我們設定的品牌特性。

我們希望那些小朋友，以後長大來當我們的賓客，這種期望才是設定的品牌特性。

也就是說，我們希望小朋友以搭乘豪華列車為目標，長大努力工作，憑藉自己的本事獲得想要的一切。

總之，增加客群的啟示都在小孩身上。

小孩滿意的服務，通常他們的家人也會滿意，年長的客人也會感到開心。

第6章

工作即創造

01 重拾創造的原點

我很喜歡「創造」這個字。

光談到這個字眼，我就會充滿鬥志。

腦海裡自動湧現各種創意巧思。

過去，JR九州處於沒有人可以依靠的狀態。

國營鐵路事業民營化以後，東日本旅客鐵路公司、東海旅客鐵路公司、西日本旅客鐵路公司這三家本州的鐵路公司，獲得了新幹線和山手線這類的金雞母；JR九州的處境跟他們差太多了。

我們必須憑自己的本事，找出對客人、對九州、對我們自己最有利的營運方針，並且依照最有利的方針來經營事業。否則，拿到的都是不賺錢的路線，早晚會倒閉。

所以，即便我們開拓全新的事業，也沒辦法仰賴別人，只能依靠自己。

例如販賣房地產，我們這些鐵路從業員根本是門外漢，一切都要從零開始學習。

船舶事業也是一樣，船員資格少說要花十年才拿得到，我們這些鐵路從業員也是從零開始，並且成功突破難關。

經營餐飲事業的時候，鐵路從業人員變成餐飲店長努力奮鬥，我也從總公司轉往餐飲事業的前線指揮調度，成功將部門打造成集團企業，兩度轉虧為盈。

在陌生的行業死命工作，靠自己的雙手打造一切，才知道這是多有意義的事情。

當時的上司或社長，常叫我憑自己的本事去開創事業。

我接受了他們的提議，一直努力到今天，也確實得到不少成果。

他們給了我鍛鍊的機會。

★不失去「靠自己」的精神

有了這樣的經歷，我們公司養成一種不隨便外包的風氣。

能自己做的，就盡量自己動手。

這是我晉升決策層以前就一再表明的信念，現在則是所有員工的共識。

二〇一二年我們推出的中期經營計畫，名為「創造二〇一六」。

這是為了防止創造意欲空洞化，打造出一條邁向上市企業的康莊大道。

過去國營時代的鐵路公司也有優點，當時的國營鐵路工廠號稱什麼都做得出來。自從民營化之後，鐵路公司就以效率化和合理化的名義，對外發包不少工作。無形間，鐵路公司似乎失去了創造的精神。

「創造二〇一六」就是要改善這種狀況的中期經營計畫。

★吃的和坐的都靠自己來

創造不只是做出有形的產品，無形的企畫或軟體也是創造的一部分。

我帶領過的事業，曾經創造出下列事物。

比方說，我在帶領博多到大分的特急列車事業時，就找了由布院地區的專家學者，一起思考該用哪種形象製作列車，最後共同打造出「湯布院之森」列車。

在帶領船舶事業的時候，我跟韓國的鐵路單位一起開創九州到韓國的航線。同時，我跟設計師水戶岡一起構思快輪的形象，打造了「BEETLE」快輪。

帶領餐飲事業也是一樣，我主張咖哩和雞肉串等食物都要員工親自烹調，這種志氣就是我創造出來的成果。

我擔任業務部長時，總覺得廣告商提供的廣告不怎麼樣，因此鼓勵員工自行思考廣告文案。現在回想起來，以前的社長和上司，也不太喜歡廣告公司做的廣告，他們也常叫我自己思考內容。

切記，要親手打造跟自己公司有關的事物。

這麼做可以客觀審視自己的工作內容，分析做法是否正確，並且更加喜愛自家公司的產品。

把「靠自己」當成創造的前提，養成自立自強的思維，這樣員工一旦遇到任何困難，都會想靠自己的雙手創造解決方案。

順帶一提，「創造二〇一六」的二〇一六，是我預計讓公司上市的期限。

帶領一家企業上市，不能只是抱著期望。

要訂立明確的期限，創造出達成目標的氣勢才行。

★凡事靠自己，成果和喜悅也不同凡響

當然，剛開始踏入一個新領域，一定要找外部專家監督，或是請他們擔任草創時期的指導者。

這時候，你要盡快自立自強，還是完全交給外部專家來，這種心態上的差異會大幅影響到未來的成果。

以我們公司來說，「安全創造運動」就是這種心態的極致呈現。

JR九州的上一任社長石原進在任時，這句話是我們所有員工的共識。

安全不是用來遵守的，而是每個人積極打造出來的。這句話表現出這樣的堅定意志。

積極追求安全的心態，也養成我們積極處理一切工作和事業的決心。

做事要盡心盡力，絕不苟且偷安。

秉持這樣的思維，凡事靠自己的力量解決，就會得到愉快的工作經驗和成果，同時帶來可觀的利潤。未來員工才會上下一心，帶給客人感動和活力。

這才是我們的生存之道。

02 區域振興的十大要訣

優異的工作方式，跟優異的區域振興有異曲同工之處。

以七星列車為例。

七星列車被稱為豪華軟臥列車、豪華旅遊列車。其實搭乘七星列車，就是在感受理想的都市生活，說是「會移動的城鎮」也不為過。

不消說，鐵路事業、船舶事業、餐飲事業、農業，都跟區域振興有共通之處。

★沒有夢想的區域振興索然無味

我歸納了區域振興的十大成功要點。

一、住起來安全、安心。

二、逛起來有趣。
三、飲食和購物愉快。
四、有夢想。
五、居民有區域共同體的意識。
六、有宣傳能力。
七、有故事。
八、經過設計（包括整理、整頓、清掃）。
九、延續與進化。
十、自己能樂在其中。

第一點的安全、安心是首先必須思考的問題。

維持當地的安全，是區域振興的基本要項。

無法保障安全、安心的地區，不利於居住和造訪。當然，人力無法完全扼止災害或疾病發生。

關鍵在於，要有預防災害和疾病的完善體制，在事故發生後快速、有效地應對。

逛起來有趣，也是區域振興不可或缺的要素。

一個地方逛起來有趣，對居民和來訪者都是愉快的好事。反之，逛起來不開心的地方，對居民來說缺乏魅力，也難以在來訪者心中留下深刻印象。

第三點飲食和購物，這應該不用我多說。

第四點夢想，對推動區域振興的人來說非常重要。缺乏夢想的建設，很難引起多數人的共鳴，推動建設的人也不會覺得愉快。區域振興的夢想，其實就是明確點出該地區追求的目標。換言之，就是決定好活動的方向性。

第五點培養區域共同體的意識，這跟第四點有密切關係。決定好活動方向，有了明確的夢想，就會知道接下來該做什麼來達成目標。

★區域振興少不了故事

第六點宣傳能力，講起來很簡單，做起來很困難。有些執行區域振興的人，時常抱怨一個問題。「我們的城市缺乏宣傳，知名度一直拉抬不起來。」

「來訪者不多，一定是宣傳不夠的關係。」

這些抱怨通常都講反了。

宮崎縣高千穗的民宿沒打什麼廣告，一樣有許多東南亞旅客造訪。東京都西麻布住宅區的居酒屋，沒有舉辦促銷活動，也還是有許多人慕名而來。

重點是內涵。地區缺乏魅力，廣告再多也沒人要來。

相對的，地區活動有趣的話，不必打廣告也能吸引人潮。

宣傳能力不是指宣傳量的多寡，而是宣傳一個地方的特色與魅力。地方本身必須成為一個宣傳媒體。

第七點故事，這是創作商品的必要元素，也是區域振興的要因。

一般的長壽商品背後都有製作秘辛，商品到了消費者手上以後，也會陸續衍生出各種新的故事。

比方說，商品是怎麼創造出來的？商品是怎麼走紅的？消費者為何一直使用這個商品？像這一類的故事，會讓長壽商品變得更有魅力。

充滿故事性的商品，有種難以言喻的韻味，消費者可以享受商品背後的故事。

區域振興也需要故事，而且是不可或缺的。

一個地區要持續受到眾人喜愛，必須擁有各種故事，而且要貼近當地的歷史才行。

第八點設計，這是在追求某個目標的前提下，對機能和美觀進行綜合性的造型計畫。

區域振興也是如此，對於地區的居民和訪客而言，城鎮必須有便利的機能和漂亮的外觀。沒有達到這兩項要求，就稱不上經過設計。

★利用「整理、整頓、清掃」促進建設

在設計之前，還有一件事要做。那就是「整理、整頓、清掃」。持續整理、整頓、清掃，是設計城鎮的一大前提。

各位邀請好朋友到家裡玩的時候，也會費心設計招待客人的方式吧。例如，邀請函怎麼寫？上面需不需要附地圖？該準備哪些料理？應該穿什麼樣的服裝？一開始要怎麼打招呼？

在執行這些招待方法之前，一定會先整理、整頓、清掃。首先，徹底整理玄關和房間，然後打掃到一塵不染的地步。有時間的話，玄關前最好也掃灑一下。

在振興城鎮之前，區域也得先整理、整頓、清掃。

這樣一來，才會知道該如何設計城鎮。

水戶岡銳治是七星列車的設計師，我們委託他設計車站的時候，他也是先從清掃車站做起，他說：「設計要先從整理、整頓、清掃做起。」

第九點延續和進化，之後會在飲食與活動的章節談到。

第十點自己能樂在其中，也是區域振興講究的重點。

區域振興是一項苦差事。

除了體力上辛苦以外，對心靈也是一大負擔。能否跨越困難持續建設，重點在於自己是否樂在其中。

前面提到的自我行銷戰略，在這種層面上也有效果。

在建設活動中加入自己喜歡的要素，或是欣賞的元素，活動本身就會充滿樂趣，執行者也才有辦法長期持續下去。活動愉快的話，參加的人自然也會變多。

區域振興的要訣，適用在各種工作上。

工作不見得都是開心的事情，但找到自己能樂在其中的要素，工作成果自然會受到社會的認同。

03 塗鴉也是設計

多多動手是有好處的。

我有畫草圖或素描的習慣，但自己其實沒什麼自覺。自從開始寫筆記以後，口袋總會放手冊和原子筆。我聽別人談話時會做筆記，跟人說明事情時，如果對方聽不太懂我在說什麼，我會畫圖或添加註釋給對方看。

二〇一五年四月，我們公司的「JR大分CITY」商城開業，以該商城為主的車站周邊開發計畫也在研討中，當時我仰賴的同樣是素描（請參照217頁）。我們委託水戶岡銳治設計複合式大樓。水戶岡問我想要什麼樣的設計意象，我直接畫給他看。

過去的國營時代，大分就是我職勤的地點。我在那裡擔任過人事課長，對我來說那是充滿啟發和回憶的地方。

我印象最深刻的是，車站南北出入口的樣貌差距非常大。

現在的大分車站周圍，曾是信奉天主教的大名大友義鎮（又名宗麟，生於一五三〇年，卒於一五八七年）治理的城鎮。車站北邊是以前的城內，一直到近代都是當地的門面。

反之，車站南邊在以前屬於城外，我在任的時候就有種陰沉的感覺。

不只如此，從車站南邊前往北邊的舊城區域，需要繞過離車站很遠的平交道才行。實際上，車站阻隔了南北兩地。

作為一個鐵路公司的職員，我們都知道要促進車站周邊發展，一定要改用鐵路高架化，把車站和鐵路架起來，讓底下的道路暢通無阻。

這樣才能解決大分的「南北問題」。

那麼，該用什麼樣的意象和構想，來設計新的設施呢？

設計師問我這個問題，我一下就畫出了類似巴黎凱旋門的塗鴉，說錯了，是素描才對。

線路架設在上方以保暢通，下面則有貫串南北的筆直道路。我要的，就是實現這種情境的歐風車站。

★跟古蹟風格不謀而合

水戶岡看到我的素描，反應完全出乎我的意料之外。

作者畫的大分車站意象素描

「了不起！太有見地了！有這張圖，設計就幾乎完工了！」

他不是一個會阿諛奉承的人，想法很容易表現在臉上。

總之，水戶岡喜形於色的樣子令我感到意外，就好像一個拿到玩具的小孩一樣。

據他所言，從來沒有客戶能夠馬上提出一個好點子，直接解決事業的核心課題，同時又兼顧概念和具體設計。

連接南北地區的鐵路高架設施、帶給城鎮活力、採用歐洲的城門風格。

我隨手畫的素描，確實兼具了所有的要素。

順帶一提，大友義鎮的城市是傳教士聖方濟・沙勿略，在日本逗留的最後一個地方。

沙勿略出身西班牙，他的故鄉哈維爾城跟我畫的圖幾乎一模一樣。

想不到我隨手竟畫出了名勝古蹟。

果然，多多動手是有好處的。

後來大分車站完工，也確實跟我的素描相似。順利串聯南北區域，在九州地區成為僅次於博多的第二大複合式車站。

現在車站大樓的社長室，還把我的素描裱框掛起來呢。

04 活動和美食，是活絡地方的要素

活動與美食，是促進地區活力的一大助力，也是區域振興不可或缺的要素。人氣活動和美食會吸引很多人造訪，帶來熱鬧的氣息。效用不僅如此。

節慶活動需要人們熱心參與才辦得成，而企畫活動和執行準備工作的過程中，參與者之間會產生一種強烈的區域認同感。這分認同感，對區域振興來說是最重要的關鍵。

當一個區域誕生知名美食，全區的人會一起推廣。日本的B級美食祭典「B-1美食大賽」，就是各地的區域振興團體共同舉辦的。

知名美食，是區域振興活動的核心。活動和美食除了吸引人潮以外，也是區域振興的關鍵要素。

★不到三十年成為地方最熱鬧的活動

試圖振興城鎮的人，他們首先會考量以下幾個問題。

「能不能舉辦一個活動，每年吸引大量人潮？」

「我們想做出象徵當地的知名美食。」

他們來找我商量這些問題時，我都會告訴他們：

「人氣活動和知名美食，絕對可以靠自己打造出來。」

有些活動看起來就像流傳很久的傳統節慶，有些地方美食好像自古以來就有了。其實仔細調查可以發現，那些活動和美食的歷史也才二、三十年而已。

我在第二章介紹過，九州櫻燕隊曾經參加札幌的 YOSAKOI 索朗祭，這個活動誕生也才不到三十年。

那是北海道的大學生，融合高知縣的「夜來祭」和北海道民謠「索朗曲」創造出來的。一九九二年六月，第一屆 YOSAKOI 索朗祭正式開辦。當年參加隊伍才十隊，人數大約一千人左右，觀眾人數二十萬人。札幌的代表性活動，是每年二月舉辦的札幌雪祭，每年多達兩百萬人以上參加，屬於非常大型的活動。

相形之下，第一屆 YOSAKOI 索朗祭的人數只有十分之一，是規模很小的活動。

不過，這個活動每年六月都會舉辦，等到第五屆（一九九六年）時，參加隊伍已多達一百零八隊，參加人數一萬人，觀眾動員數突破一百零七萬人。

第十屆大會（二〇〇一年），參加隊伍有四百零八隊，參加人數約四萬一千人，觀眾動員數突破兩百零一萬人。如今，這個活動已經是不可動搖的夏季大型慶典，足以跟冬季的札幌雪祭分庭抗禮。

★從地區節慶到百萬人活動

每年農曆新年，長崎地區會舉辦「長崎燈籠節」。

現在，這個大型活動是我們公司不可或缺的宣傳要素。事實上，該活動直到二十多年前才在當地扎根，獲得今日廣大的人氣。

燈籠節原本是長崎新地中華街的居民，慶祝農曆新年的活動。一九九四年經過議論後，決定擴大規模。

目前這項活動為期兩個禮拜，城市中會裝飾一萬五千盞豔麗的中國燈籠，各會場也有大大小小的美麗花燈，為長崎市點綴出夢幻的色彩。

這個在長崎舉辦的冬季慶典，已經是紅遍全國的大活動，每年都有超過一百萬人前來參觀。

★堅持與進化帶來的好結果

美食也能帶給地方和城市同樣的效果。

說到仙台，大家會想到牛舌。二戰結束不久，仙台賣烤雞肉串的店鋪，開發了烤牛舌這道料理。仙台名產是牛舌的典故就是這麼來的。

後來，販賣烤牛舌的店鋪越來越多，到了一九九〇年左右，「仙台名產是烤牛舌」已經成為大家普遍的印象。

整個地區的熱忱，讓烤牛舌成為一大名產。

宇都宮的餃子，現在也是日本知名的美食。

宇都宮地區是在戰後才有餃子店。過沒多久，市內各處都看得到賣餃子的餐廳。

一九九三年「宇都宮餃子會」成立，也建立起宇都宮餃子在全國的知名度。

現在，每年約有八十萬人會到宇都宮吃餃子。

在全國各地自治團體主辦的活動上，宇都宮餃子是非常受歡迎的美食。

宇都宮餃子正是美食與區域振興相結合的最佳典範。

札幌有 YOSAKOI 索朗祭、長崎有長崎燈籠節、仙台有烤牛舌、宇都宮有餃子。

札幌、長崎、仙台、宇都宮，這些都市的活動和美食，都是從零創造出來的。大家共同描繪振興城市的夢想，將活動和美食拉抬到頂尖的水準，他們都是了不起的創新勇者。

這幾個城市有兩大共通點。

其一是**堅持**。

堅持就是力量，但要堅持下去也需要力量。

其二是**不斷進化**。

和食是日本傳統的飲食文化，聯合國教科文組織將和食登錄為無形文化遺產。京都料理也就是傳統和食，這種料理的精髓不在於守舊。京都的料理師傅都說，千年來不斷進化才是京都料理的價值所在。

堅持與進化，這兩大要素才是讓活動和美食扎根，成為區域傳統文化的祕訣。

第 7 章

工作要判讀時代走向

01 領導者應在不易決策時做出決定

二〇一一年三月十二日，九州新幹線鹿兒島線，終於要開始營運。一九七三年國營時代，日本政府依照法律決定建設這條新幹線。事隔三十八個年頭，終於全線開通了。

新八代（熊本）到鹿兒島中央路線，已經先在二〇〇四年開始營運。博多到新八代路線跟這條路線串聯後，也終於開通。全線開通之後，博多到鹿兒島最快一小時十九分就能抵達。

沿線的居民，還有從國營時代就經手這項業務的資深社員，無不額手稱慶。

過去我曾擔任鐵路事業本部的業務部長，也經手這條新幹線的部分開通業務。當上社長以後，全線開通的光榮時刻又在我任內到來，我必須回應大家的喜悅之情。

把握機會做出決策，正是領導者的分內工作。

於是，我決定推出一個廣告企畫，這廣告必須具備公司獨有的溫情，以及素人努力做出來的質感。

★感動得淚如雨下

距離營運開通剩下兩個月，路線每天平均會試運行兩到三趟左右。

二月二十日，離正式開通剩下二十天。我決定用其中一次試開的機會拍廣告，並邀請博多車站到鹿兒島中央車站的沿線居民來演出。

我們要找大約一萬名居民，一起來慶祝全線開通的盛事。廣告內容是在二月二十日新幹線試開時，請民眾穿上喜歡的衣服，做自己喜歡的裝扮，手裡拿著布條或用其他方式，對著行進的新幹線揮手歡呼。有點像是電影《貧民百萬富翁》裡面，最後一個橋段的印度風盛會。

當天，新幹線車內會準備五台動態攝影機，外加四台靜態攝影機；再加上地面和空中攝影機，整場活動大約會動用五十台攝影機來拍攝。

我們在網路上招募參加者，人數還算可以，再來就等拍攝當天了。

二月二十日當天，試開的新幹線一離開鹿兒島中央站，沿路上我們看到了令人難以置信的光景。

沿線的街道、廣場、河濱、學校、公寓，到處都有大批的人潮，民眾穿著各自的裝扮，活用小道具，拚命對新幹線揮手。

不少學生穿著校服或社團活動的衣服，想必是跟老師一起想出來的主意吧。除此之外還有拉拉隊和摔角表演。有人穿著新郎和新娘的禮服，也有人在泳池放滿了花瓣和氣球，或是在公寓外面掛著斗大的慶祝布條。

那些演出好有趣，我們在車內笑得前仰後合，但每個人臉上都掛著淚痕。就連我這個企畫的提案人，也哭得淚眼汪汪。攝影師凝視著鏡頭，雖嚴肅地進行拍攝工作，他們也都哭了。

車窗外的景色流轉，列車帶我們看遍沿線居民的各種新奇演出姿態。

到頭來，我們完全錯估了情勢。原先以為募集一萬人左右，應該可以拍到幾千人出現的鏡頭。沒想到當天開拍，實際參與人數超越了登記人數，有兩萬多人參加，比我們招募的人數整整多出了一倍。也有很多表演高手，一聽到新幹線要拍廣告的消息，趕緊來秀出他們驚人的裝扮和演出技巧。

這支廣告沒有矯飾、沒有劇本，反而廣收奇效。

拍出來的成品非常感人，早就超越我們事前想要的印度風盛會。

現在上網搜尋「祝！九州」這幾個字，還看得到這支廣告。還沒看過的讀者，請務必上網看一下。

我們趕工做出來的廣告，在二〇一一年三月九日開播，一直播到三月十一日的傍晚。

★九州新幹線通車典禮前的國難

二〇一一年三月十一日下午，隔天就要舉辦九州新幹線通車典禮了。盛大的典禮即將開幕，我寫好通車當日的演講稿，也接到慶祝會的最終確認報告。坐在社長室的椅子，我想起航空自衛隊「藍色衝擊波飛行表演隊」上午的精彩預演。該忙的也差不多忙完了，稍微有喘息的機會，我打算傍晚去剪個頭髮。

這時候運輸部的社員衝進社長室。

「東北發生大地震了！」

下午兩點四十六分，地震發生，我們立刻打開電視。

不過，電視台還沒有詳細的訊息。

無法馬上得知詳情，我說服自己冷靜下來，繼續處理手頭上的工作。

大約到了下午三點半，電視播出了十分悽慘的災情。難以置信的光景歷歷在目，完全超出了大家的想像。

在遙遠的東北，同胞們正遭受巨大的苦難。

隔天三月十二日，是我們很久以前就訂下的喜慶之日。

從一九七三年開始，九州人民苦盼了三十八年的新幹線，終於要全線通車了。從三年前我們就耗費了大量的時間、成本、人力來準備典禮。

可是，我認為典禮絕對不能辦。

這是國難。JR九州不能喜氣洋洋地召開活動。

我找來所有相關的幹部，要求他們中止隔天所有的典禮和活動。

有些幹部面露難色，對我的決定頗有微辭。況且九州也不是一言堂，有的自治團體全力準備這個值得紀念的日子，他們也表示無法接受這項決定。

然而，我還是堅持原來的主張：「絕對不能辦！」

這一辦下去，我們公司、九州、還有日本都會完蛋。

★深刻領悟決策的意義

藍色衝擊波飛行表演隊在三月十一日上午十一點左右進行預演，他們是特地從宮城縣的航空自衛隊松島基地，特地跑來九州慶祝新幹線通車的。

松島基地也受到震災損害，遠在九州的隊員們一定很擔心自己的基地，不難想像他們內心有多難過。

可是震災後沒多久，航空自衛隊主動跟我們聯絡，還感謝我們的邀請。

我感動得不知該說什麼才好。

當我們宣布終止慶典的消息，多數的居民也表示贊成。那一支在電視上播放三天的廣告，全賴居民的協助才拍得出來。

好在廣告榮獲當年度「坎城國際創意節」的戶外廣告大獎，也算是稍微報答了那些支持者的恩情。

這次震災讓國民體驗到強烈的無助感，我也深刻了解到領導者做決策的意義。

「祝！九州」
九州新幹線開通廣告

02 領導者要當員工一輩子的老師

「那些打工的做沒多久就辭職了。」

我不時會聽到餐飲業的店長這樣抱怨。

近年來那些店長想方設法解決人手不足的問題，但辛辛苦苦找來的打工人員只做一、兩個月就辭職，對他們來說一定很難接受。

不過，也不是每一間店鋪的打工人員都會在短期內辭職。

的確，現在餐飲和零售業的人力雇用一年比一年困難，但也有不少店成功留住打工的人才。

經我仔細調查，發現那些留住人才的店鋪都有一個共通的做法。

就是極度重視人員的初期教育。**無論是打工或正職，一開始的教育都非常重要。**

新進人員剛加入公司，一開始就要嚴厲指導。

每位員工在剛進公司的時候，做事都會十分有幹勁。

畢竟大家都是經過一番努力，才進入自己期待的公司，當然會想好好表現，獲得認同，因此這時候更應該嚴厲指導他們。

嚴厲才能培養出性格堅忍的員工，不會動不動就喊著辭職不幹。

反之，一開始褒獎那些缺乏技能的人，只是在搬石頭砸自己的腳。

等你寵了幾個月以後，發現他們毫無長進再來嚴厲指導，早就來不及了。在這種情況下指導，只會收到反效果，搞不好他們還會辭職不幹。

過去我大力仰賴的餐飲事業專家，也提過類似的道理。

餐飲業也講究安全和待客之道，跟鐵路差不多。

因此，一開始就得嚴格的教育。

★領導者主動進行初期教育

有些職場前輩一開始會嚴厲指導新人，並且精確解說業務處理辦法，這些前輩會被新進人員視為「一輩子的老師」。

因為他們的指導，形同新人職業生涯的指南。這就好比小雞會把牠們第一眼看到的生物當成母親一樣，員工永遠會記得一開始教導他們的前輩，說了哪些金玉良言。

所以要選擇優秀的員工，來進行新人的初期教育。

換句話說，領導者得親自進行初期教育。例如業務第一線或各部門的主管。組織規模不大的公司，可能社長也要親自進行員工教育。

如果領導者沒辦法施行教育，確立員工的工作方針，那麼組織的利潤、商品品質、甚至安全都無法獲得保障。

★一開始是最重要的

我剛加入國營鐵路公司的時候，看到新人被分發到第一線，站長也不好好教育他們。那些站長把教育工作推給下屬，或是乾脆讓工會的幹部進行員工教育。

在勞資關係不融洽的環境，讓工會幹部進行員工教育，新人就會心向工會，而不是心向公司。

於是，國營鐵路經營到後來十分慘淡，職場紀律散漫不說，人際關係也千奇百怪，列車的服務品質低劣，也經常發生事故。這件事我一直引以為恥。

國營鐵路民營化之後，JR九州剛成立沒多久，我馬上要求所有站長親自進行員工的初期教育。

對於其他事業的組織幹部或第一線主管，我也要求他們率先進行員工的初期教育，不管對象是正職人員或打工人員都一樣。

我再重申一次。

一開始的教育才是最重要的。

領導者要親自教育員工。

能做到這一點的組織，才會有良好的紀律和職場關係，提供顧客安全和優良的服務品質。

03 提高期待值，員工才會不斷進步

身為領導者，必須期許部屬和組織有一定程度的實力。

部屬和組織會努力達到領導者期望的目標。

如果期待值不夠高，部屬和組織只會稍微提升一點水準；期待值較高的話，他們才會用心學習、鍛鍊，努力達成目標。

當一個人獲得過高的期待，反而會咬緊牙關堅持下去，當然也有少數人會擺爛放棄，但在企業經營的領域裡，多數人都會選擇咬牙苦撐。

其實，追求工作成果也是同樣的道理。工作成果的高低，取決於事先訂立的目標，目標水準的高低，會影響到部屬和組織努力的程度。

領導者該留意的是，千萬別把期待值設定得太低。

★小偷也想獲得期待

我常跟員工說一個小偷的故事。

有個男人幹了一輩子小偷，最後終於被捕入獄了，獄卒問他：

「你為什麼要當小偷呢？」

老邁的小偷語重心長地說起自己的經歷：

「我小時候，大概三、四歲左右吧，母親帶我去市場買東西。經過一家水果攤的時候，我順手偷了架上的一顆蘋果，揣進自己的口袋。老闆沒有發現我偷東西，母親卻看得一清二楚。小小年紀的我，也做好被罵的心理準備了，但事情的發展出乎我的意料。母親只看了我一會，然後牽著我的手離開，好像什麼事都沒發生過一樣。回家以後，母親也沒有責備我。這件小事讓我領悟到，原來偷東西母親也不會生氣，她默許我那樣做。偷東西不是什麼壞事，沒啥大不了的。於是，我就當上小偷了。」

這位母親太天真了，她以為才偷一顆蘋果而已，不必跟小孩子計較。她的天真，也代表她對孩子不抱期待。

小孩會不斷觀察父母的反應，測試父母容忍他們調皮搗蛋的限度，以此來作為行動的依據。

這也是在觀察，父母對他們究竟抱有多大的期待。

孩子的成長不會高於父母心中的期許。

★把強人所難的任務當成期許

事實上，主管和部屬之間也有同樣的現象。

部屬的成長始終不會高於主管的期許。

反過來說，當主管明示一件工作的底限，部屬的工作成果絕不會低於底限。

就算做得再怎麼糟糕，也不會有養老鼠咬布袋的情況發生。

因此主管提示一個崇高的目標，部屬反而會願意努力追隨。

JR九州成立以來，前任社長三番兩次將新事業交給我處理。這些任務，包括開發新的特急列車、開拓船舶的國際航線、設法讓餐飲事業獨當一面等。

有些任務根本不是從零起步，而是要在負的情況下直接獲得一百分的成果。好在我生性樂觀，遇到困難會激發鬥志，我將這些強人所難的任務當成期許。

我總是被派去屎缺，周圍的同事也說我是被「下放」，但我確實感受到社長和直屬上司對我的期許。

因此，我在困境中表現得更加開朗。

社長看到我堅忍開朗的態度，又對我產生更多的期待，交代更多的任務。

我一直處於這種越戰越勇的循環之中。有一次別人建議我，九州沒有豪華軟臥列車實在太可惜，如果有的話一定會成功。

那個人並不是我的上司，我們只是在酒席上閒話家常。奇怪的是，我始終無法忘記這個建議。

想必我的心裡，已經把這個目標視為必須達成的夢想。

二十五年以後，九州真的有豪華軟臥列車了。

沒錯，正是七星列車。

我就像在替自己的小孩命名一樣，絞盡腦汁想出這個名字，也象徵我對它抱有極高的期許。

04 驚人的專業技能和人才培育

電裝公司充滿著驚奇與感動。

我曾經接受電裝公司社長有馬浩二的邀請，前往他們位於愛知縣刈谷市的總公司。電裝本來是豐田汽車的電裝部門，在一九四九年成為獨立的汽車零組件製造公司。公司成立的時候，日本汽車產業才正要起步。

電裝一開始的經營狀況也很嚴峻。

然而，他們從創業之初就很重視製造，而且有一種追求頂級製造技術的氣魄。這樣的氣魄也帶動了電裝公司的成長。

現在，電裝已是全球頂尖的汽車零組件製造商，專門提供全球汽車大廠各式的汽車系統和產品。

二〇一七年度的合併財務報表，電裝的總營收高達三兆元，淨利也有一千三百億元左右。

我造訪電裝公司，參觀他們總公司的展示館和企業學園（電裝工業學園），也跟有馬社長聊了很多。

這次造訪，讓我了解到他們的員工有多大熱忱。

首先，最令我驚訝和感動的，是他們製造技術的水準高超。電裝的產品是由各種零件組成。現在的企業在生產類似產品時，多半用外包的方式直接購買零件來組裝。

電裝可不一樣。

他們盡可能自行生產零組件，連製造零組件的機具也是自行開發。擺設在展示館的金屬加工品，幾乎都是電裝自製的產品，裡面還有展示車床和銑床這類的技術結晶。

據說，他們的產品追求千分之一豪米的精確度。

大家有聽過「國際技能競賽」嗎？

這個比賽又號稱製造界的奧林匹克大會。

這個奧運會跟運動界的奧運會一樣，有超過五十種以上的競技項目，各國代表共同角逐世界第一技能的頭銜。

大會每兩年舉辦一次，電裝每次都推派日本代表參加。要代表日本參賽，當然得先贏得國內的比賽。電裝的員工，每年都在國內大會贏得好幾項冠軍頭銜。
截至二〇一七年，他們已經在國際技能競賽奪得六十三面獎牌了。
二〇一七年度的比賽中，日本奪得了三面金牌，其中一面就是電裝的年輕技術團隊摘下的。

第二，電裝對研究開發有極高的熱忱。
他們投入研究開發的心力，到非比尋常的地步，每年花在研究開發項目上的投資額度，占合併營收的八．八％，超過一千五百億元。
開發費用占營收比重，放眼全日本也是頂尖的水準。
他們還在全球取得三萬八千項專利。
QR圖碼其實就是電裝開發的。
QR圖碼在物流業和各大領域中，已經是全球通用的標準規格，但大部分的人並不知道那是電裝開發的。
而且，他們還無償公開這項技術，這一點更令我訝異。

第三，他們的人才培育也跟製造技術一樣出色。

我造訪電裝最主要的用意，是要在當天舉辦的「全面品質管理」大會上演講。底下的七百位聽眾，都是電裝和相關企業的幹部，我在他們面前談七星列車誕生的經過，以及「氣」的哲學。本來我應該利用這個機會，談談公司引以為傲的事蹟，但反而被他們的待客之心嚇到了。

★令人動容的待客之道

我在演講開始之前，搭車抵達電裝總公司的大門。有馬社長帶著二十多名部屬，在玄關迎接我的到來。

如此盛大的歡迎令我感到意外，而且他們的笑容都好燦爛，看得我很感動。

一個多小時的演講順利結束，最後我感謝所有聽眾的聆聽，會場響起了震耳欲聾的掌聲。

各位知道嗎？**鼓掌也是有分類型的。**

我最喜歡的歌手前川清，在前陣子的演唱會上也說過同樣的話，從掌聲聽得出不同的差異。他們獻給我的掌聲，是真心誠意的。

最近我每個月都有登台演講的機會，但從沒享受過這麼真誠的掌聲。電裝的幹部發出的掌聲，鼓盪著充盈的「氣」。

我走下講台，從會場中央走向出口的時候，通道兩旁的聽眾還站起來鼓掌，隨後整個會場的人也群起效法。

我還是第一次享受到這樣的待遇，感動到渾身發抖。

參觀電裝工業學園的時候，我也佩服那些學生的待客之道。

在實習課程中，學生很專注地學習技術。

可是我一走到他們旁邊，每個人都抬起頭來，以活潑的笑容跟我打招呼。

連我這個外行人都看得出來，那些技術課程必須集中心力才行。然而，他們還是沒有忽略這樣的禮節。

一旁帶我參觀的校長，也感到非常驕傲：「學校不只該培養學生的技能，更應該培養學生的教養。」

沒有優秀的人才就沒有優秀的製造技術，這是電裝公司信奉的哲學。

可以想見，待客精神已經成為他們的企業文化了。

另外我還注意到一點，他們在處理普通的業務時，也努力帶給旁人感動。

要先感動自己和周遭的人，才有辦法感動客戶。

電裝跟我有相同的信念，他們也十分明白這個道理。

有幸見識電裝的偉大，我真的很開心。

第四，有馬社長的一句話帶給我很大的衝擊：「我們電裝公司，有一種很強的危機意識，這是關係到公司存亡的危機。」

電裝的利潤持續擴大，製造技術也堪稱頂尖，研究開發更是不遺餘力。

在外人眼中，他們根本是一帆風順。

沒想到，電裝的領導者竟然說他們有很強烈的危機意識。

★走在時代尖端才能體會到危機感

據說，汽車業正遭遇百年罕見的重大變革。

變革的浪潮有三。

第一，車輛將從燃油車轉變為電動車。未來是電動化的時代，動力的要角注定改變，馬達會取代引擎，電池會取代燃油。這一年來電動化的浪潮加快，全球車廠的勢力版圖也有很大的變動，汽車零組件會被逐漸淘汰。

第二，自動駕駛技術提早問世。本來自動駕駛技術至少還要十年才會問世，現在人工智慧的技術突飛猛進，這項技術會比預期的更快實現。一旦自動駕駛車輛開始量產普及，對整個產業結構都會有很大的影響。

第三，車輛共享的風潮迅速擴大。所謂的車輛共享，就是好幾個人共同使用一輛車子。瑞士三十多年前就推廣這個制度，後來慢慢遍及全球。

面對這些重大變革，經營者擁有健全的危機意識，也是理所當然的事情。

不過，我發現這種危機意識，似乎帶給有馬社長強大的決心。另外，跟那些誠心待客的員工接觸後，我感受到他們身上有股很強的能量，一定能把危機化為轉機，平安度過變革的驚濤駭浪。

這次訪問我獲得了很多刺激與啟發，我的「氣」也更上一層樓了。

05 世界正經歷目不暇給的變化

中國的變革速度也令人歎為觀止。

前不久，我造訪上海華為技術的R&D中心（研究開發中心）。華為的智慧型手機，在中國的市占率高居第一，同時他們也是全球第三大通訊器材製造商。

華為在全球有十四個研究開發據點，上海的R&D中心只是其中之一。我一到上海R&D中心的正面玄關，就看到面前有座像城牆的橫向大樓。

全長一千一百公尺，直到數年前都是亞洲最長的橫向建築。

這座中心有超過一萬人從事研究開發工作，我聽到這個消息大吃了一驚。

緊接著，他們的員工帶我參觀內部的展示廳。

展示廳的空間跟博物館一樣寬敞，華為的通訊器材井然有序地擺在裡面。

大部分都是開發中的產品，未來才會問世。光看內部的展示架構，你可以很清楚地了解未來通訊世界的演變。

他們的技術水準和開發速度，令我感到佩服又訝異。

據說，深圳的研究開發中心比上海的更大，真是太驚人了。

★無人超市的便利服務

華為在全球有十八萬名員工，其中有四成以上從事研究開發工作，也就是八萬人左右。而且，他們花在研究開發的費用，占每年營收的一〇%以上（二〇一七年度的營收約三兆元左右）。

而技術實力領先全球的中國企業，不只有華為。阿里巴巴、騰訊、百度等中國企業，他們IT事業的技術實力和營收的成長幅度，已經超越美國。

有資料顯示，中國企業的技術實力已有世界頂尖的水準。

前面我們提到的國際技能競賽，光看各參賽國家在該年度奪得的金牌數量，就知道哪個國家在哪個時期的技術實力比較優異。

一九六〇年代到七〇年代前期，日本的奪金數量一向高居第一。

七〇年代後半到最近幾年，第一的寶座被韓國拿走。二〇一七年度的大會，奪金數最多的是中國。中國製造的品質迅速提升，存在感也不容忽視。

參觀完華為的設施後，我又走訪上海先進的超市。那是阿里巴巴集團經營的「盒馬鮮生」。

這個生鮮食品的賣場，我到現在還記憶猶新。

客人想買魚、肉等商品，只要拿手機掃描商品架上的價格QR碼就好。阿里巴巴提供的手機程式確認圖碼後，支付手續就完成了。

現場幾乎沒有客人到櫃台結帳，也沒有客人帶著商品回家。

天花板下面有運輸用的管線，管線上掛著籃子，員工會把結完帳的商品放進籃內。裝滿商品的籃子，就在眾目睽睽之下運到超市的內場，在內場待機的配送人員會連忙拿起商品，騎車送到客人登錄的住址。

他們超市的宣傳標語是：「半小時內宅配到府。」

只要客人的住處在半徑三公里內，結完帳的半小時內就會送到客人府上。

我這篇文章是在二〇一八年夏天撰寫，當時阿里巴巴的盒馬鮮生已在中國國內擴展到五十家店鋪。他們試圖取得大數據，同時大幅增加經營模式的利潤。

JR九州也和阿里巴巴聯手，推動一項全新的企畫。

根據日本觀光廳的統計資料，九州七縣的日本遊客住宿人數，二〇一七年多達四千八百零二萬人，遠多於東京的三千九百零八萬人次。不過，光看中國遊客的住宿人次，九州七縣在該年度才七十二萬人，遠不如東京的四百零八萬人次。

阿里巴巴在這當中嗅到了商機。

阿里巴巴的用戶識別碼（使用者人數）多達五億人，他們擁有如此龐大的顧客資產，成功將客源推展到南極圈，還有芬蘭等北極圈國家。他們的下一個目標是九州。

當然，這個戰略也是為了推廣手機程式「支付寶」。JR九州代表日本，接受阿里巴巴的提議，決定率先跟中國企業合作。

我們要藉這個機會，大幅增加九州的中國旅客數量。

二〇一八年十月到二〇一九年三月，要達到五萬人的觀光客推廣目標（編按：根據九州運輸局資料，二〇一九年二月訪日中國觀光客為七萬五千人）；二〇二三年以前要達到一百萬人。

從九州開始推廣支付寶，日本國內也會加速推動無現金化的趨勢。其實日本岐阜縣的高山市，已經有某些地區嘗試引進。結果，老人家反而比年輕人更喜歡這種便利的服務。

我們跟中國一起合作，執行浩大的區域振興計畫。

我個人認為，這才是雙方合作的企畫內涵。

★超越矽谷的深圳

從上海回國以後，我把所見所聞說給一些熟悉中國的朋友聽，他們都覺得那沒有什麼大不了。

「深圳比上海更厲害喔。」

上海的先進超市，在深圳是司空見慣的東西。

三十多年前，深圳還是一個只有三十萬人的漁村（深圳市社會科學院的資料）。

如今，有報導指出深圳的人口突破一千五百萬了。現在深圳是中國首屈一指的新興大都會，有「中國矽谷」之稱。

一九八〇年中國政府將深圳指定為經濟特區後，深圳就成為ＩＴ產業、金融界、物流業的據點，開始迅速發展。

深圳已經蛻變為世界知名的經濟都市。

精通ＩＴ產業的人都說：「深圳早已超越真正的矽谷了。」

華為的總公司也設在深圳。

全球的ＩＴ研究開發據點也都集中在深圳。無人機的研究開發也是深圳最進步，中國出口的無人機有九八％，都是從深圳港出貨。

想買便宜、性能又好的無人機，就買中國深圳生產的，儼然成為一種趨勢。

這十年來，媒體一再報導中國的空汙問題嚴重，尤其深圳更被媒體直接點名，變成象徵性的罪魁禍首。

不過，這一、兩年來情況大有改觀。

根據二〇一七年的調查，深圳的ＰＭ2.5濃度比東京還低。

最近有中國的朋友拿深圳的照片給我看，那裡的天空恢復了清澄湛藍的景象。

全世界和中國，變化速度都非常驚人。

而歷史總是不斷重演。中國再次崛起了。

經營者必須有這個認知，否則經營方針很有可能出錯。

06／一百五十年的教訓

聽到「明治維新」這個字眼，我就會血脈賁張。

二〇一八年正好是明治維新的一百五十週年。

關於明治維新的定義眾說紛紜，比較具代表性的說法有以下三種。

第一種說法主張，從一八六七年十一月的大政奉還到一八六八年一月的鳥羽伏見之戰，是明治政府的草創時期，這段期間才叫明治維新。也就是江戶幕府把統治權歸還朝廷，經歷王政復古的大號令後，跟新政府軍發生武力衝突的時期。

第二個說法主張，一八六八年發出改元詔書，定年號為明治的這一年才叫明治維新。二〇一八年是明治維新一百五十週年的說法，便是由此而來。

第三個說法主張，過去兩百六十年來的幕藩制度瓦解，新政府朝近代國家的方向發展，這一段政治與社會的重大變革過程才是明治維新。時間上差不多是一八六七年左右，到中日甲午戰爭前後（一八九四年到一八九五年），也就是跨越到明治中期的二、三十年間。

歷史學上的論述，以這三者為主。

★革命志士達成世上唯一的奇蹟

有些歷史學者主張，明治維新比法國大革命更偉大。

甚至有人說，那是一場奇蹟的革命。

法國大革命號稱世界史上最具代表性的市民革命。激烈的動亂與戰爭過後，法國政治從君主專制改變為共和制。

這確實是一場大革命沒錯，但本質還是以武力決定統治體系，付出了大量的人力和物力的耗損才完成改革。

明治維新的改革幅度也不遑多讓，但德川幕府以滴血未流的方式，將統治據點江戶城轉讓給新政府，明治維新是以這種方式起步的。

以無血開城作為起點，這可是相當罕見的革命。

明治維新是統治體系的重大變革，國家從地方分權的幕藩制度，轉變為近代的中央集權國家。除此之外，在社會制度和經濟上也全面西化和近代化，一舉達成全面性的改革，跟法國大革命相比堪稱奇蹟。

★崇高的使命感、勤奮的學習、迅速的行動

當時，亞洲各國先後成為歐美殖民地，日本卻沒有落入這樣的命運。

為什麼呢？因為日本推動了明治維新這項變革運動。

而且，還是在難以置信的短期間內，舉全國之力蛻變為不亞於歐美的近代化國家。

為什麼明治維新有辦法成功？

為什麼長期鎖國的日本，有辦法一口氣近代化？

在那個年代，發起明治維新的領袖們，深知亞洲各國被歐美殖民的狀況，因此產生了強烈的危機意識，他們明白日本必須避免步上那些國家的後塵。

明治維新的原動力，來自於那些領導者的危機意識。

他們秉持危機感，發揮了三大能力。

第一、改變崇高的使命感。

第二、徹底發揮自身能力，拚命學習。

第三、發揮強大的行動力，迅速實踐所學知識。

提到幕末和明治維新前後的重要歷史人物，大家馬上會想到歷史大河劇的西鄉隆盛、坂本龍馬、勝海舟這些人吧。我很敬重這三大偉人，但另一位山岡鐵舟也很令人嚮往。

山岡鐵舟、勝海舟、高橋泥舟這三人，號稱「幕末三舟」。

幕末三舟替德川幕府促成無血開城，成功避免江戶捲入戰火之中，後世也一直視他們為無血開城的大功臣。

山岡鐵舟是劍術、禪學、書法的名家，留下許多的著作。

在《無刀流劍術大意》中有一段話：「水入口中，冷暖自知。」

這裡的「冷暖自知」是禪宗常提及的觀念。

意思是，當你喝下眼前的水後，才會知道水是冰的還是熱的。光用看的無法得知水的溫度高低，想知道的話要直接伸手去碰或喝下去。

意思是指，很多事情沒有實際體會，整天想破頭也沒有意義。

比方說，我們看了很棒的書籍、聽了很棒的演講，在感動之餘似乎覺得自己成長了，但光這樣是不夠的。

重點是如何把那些感人的格言，實踐在生活之中，付諸行動。

鐵舟要我們勇於嘗試，快速實踐才是最重要的。

這個思維也不是鐵舟獨有。明治維新號稱世界史上難得的壯舉，帶動維新的領袖們也都有類似的想法。

正因為他們有這種觀念，才有辦法完成革命。

如今社會也在經歷重大變革，改變的速度絲毫不亞於明治維新。

我們都活在變革之中，所以才更應該學習那些維新志士的氣魄與教誨。

請去嘗試眼前的事物吧。

後記

感動不只有一種

我一直到高中都很喜歡看書，升上大學後每天忙著練柔道和喝酒，漸漸遠離了閱讀嗜好。出社會以後，也擺脫不了這個毛病。

奇怪的是，年過四十我又喜歡看書了。

四十多歲時，我每年會讀一百本以上的書。

不管東西方任何著作，我都會隨手拿起來翻閱涉獵。

到了五十歲，我喜歡上看電影，每年看超過一百部電影。

身旁的人知道我喜歡看電影，總不免要問我一個問題：

「你最喜歡哪部電影？」

會問這個問題的人，並不了解電影愛好者的本質。

對一個電影愛好者來說，要挑出一部最喜歡的電影是非常困難的事情。像我會反覆重看的電影就不下三十部，要從中挑選唯一一部根本不可能。

還有一個更令我困擾的問題。

「你喜歡什麼樣的人？」

這不是指心儀的異性類型，而是指我喜歡什麼樣的「人物」。

這也很難歸納出單一的答案，答案不只一種。

我大概可以說出十個答案。

一、會帶給別人感動的人。

二、總是一臉開心的人。

三、聽我講無聊的笑話會笑的人。

四、會告訴我無聊笑話的人。

五、嗓門大的人。

六、懂得打招呼的人。

七、凡事往好的一面看的人。

八、會立刻採取行動的人。

九、不喝酒也願意陪我到深夜的人。

十、吃東西津津有味的人。

這本書中，談到很多會帶給別人感動的人。

我會撰寫這本書，主要是因為鑽石社的編輯寺田庸二。

有一天，寺田表示想見我一面。幾天後，我們相約在咖啡廳碰面。

雙方初次見面，寺田直接以熱切的口吻說：

「我以前拜讀過唐池先生的大作，真的好感動。您願不願意為我們出版社，撰寫另一本更感人的大作呢？」

我本來無心寫作，是寺田的感動和熱忱打動了我。

心懷感動的寺田提出建議，我被他打動後才寫出《感動工作學》這本書。

感動是所有「傑出工作」的原動力，而傑出工作會帶給許多人感動。

這也是書中四十八個教誨共通的概念。

Eurasian Publishing Group
圓神出版事業機構
用心與你對話．網野無限寬廣
方智出版社
Fine Press

www.booklife.com.tw　reader@mail.eurasian.com.tw

生涯智庫 172

感動工作學：七星列車如何成爲人人搶搭的豪華列車

作　　者／唐池恒二
譯　　者／葉廷昭
發 行 人／簡志忠
出 版 者／方智出版社股份有限公司
地　　址／台北市南京東路四段50號6樓之1
電　　話／（02）2579-6600．2579-8800．2570-3939
傳　　真／（02）2579-0338．2577-3220．2570-3636
總 編 輯／陳秋月
副總編輯／賴良珠
主　　編／黃淑雲
責任編輯／胡靜佳
校　　對／胡靜佳．賴良珠
美術編輯／潘大智
行銷企畫／詹怡慧　王莉莉
印務統籌／劉鳳剛．高榮祥
監　　印／高榮祥
排　　版／莊寶鈴
經 銷 商／叩應股份有限公司
郵撥帳號／18707239
法律顧問／圓神出版事業機構法律顧問　蕭雄淋律師
印　　刷／祥峰印刷廠
2019年8月　初版

定價 290 元　ISBN 978-986-175-531-1　

若不能感動到消費者、觀眾、讀者這些客群，那麼耗費的一切心力和成本，就只是業者的自我滿足罷了。

——《感動工作學》

國家圖書館出版品預行編目資料

感動工作學：七星列車如何成為人人搶搭的豪華列車／唐池恒二著；
葉廷昭譯. -- 初版. -- 臺北市：方智, 2019.08
272 面；14.8×20.8公分. --（生涯智庫；172）

ISBN 978-986-175-531-1（平裝）
1. 企業經營 2.顧客服務 3.職場成功法
494.1 108009607